书山有路勤为径，优质资源伴你行

注册世纪波学院会员，享精品图书增值服务

Dare to Change

Achieve More in Your Career with EQ Course

积极改变

成就职场达人的情商课

（第2版）

刘 琳 著

电子工业出版社

Publishing House of Electronics Industry

北京·BEIJING

图书在版编目（CIP）数据

积极改变 ：成就职场达人的情商课 / 刘琳著 .
2 版 . -- 北京 ：电子工业出版社，2025. 4. -- ISBN
978-7-121-35896-8

Ⅰ . B848.4-49

中国国家版本馆 CIP 数据核字第 202526G1T0 号

责任编辑：吴亚芬
印　　刷：三河市君旺印务有限公司
装　　订：三河市君旺印务有限公司
出版发行：电子工业出版社
　　　　　北京市海淀区万寿路 173 信箱　　邮编：100036
开　　本：880×1230　1/32　印张：9.875　字数：222 千字
版　　次：2019 年 7 月第 1 版
　　　　　2025 年 4 月第 2 版
印　　次：2025 年 4 月第 1 次印刷
定　　价：69.00 元

凡所购买电子工业出版社图书有缺损问题，请向购买书店调换。若
书店售缺，请与本社发行部联系，联系及邮购电话：（010）88254888，
88258888。

质量投诉请发邮件至 zlts@phei.com.cn，盗版侵权举报请发邮件至
dbqq@phei.com.cn。

本书咨询联系方式：（010）88254199，sjb@phei.com.cn。

推荐序

生活不易，职场艰辛，你是否也曾感到举步维艰？

凌晨时分的北京见证了繁华都市夜景深处"加班族"的辛酸故事：初入职场的实习生深夜赶稿，却因笔记本电脑突然出现故障而丢失了已经做好的 80 页 PPT；值夜班的护士长得知年仅 3 岁的孩子突然发高烧，而她必须马上进入手术室做准备工作；广告公司客户经理为了服务好客户，不得不冷落远道而来只待 3 天的男朋友……以上种种无奈，是每位职场人都可能碰到的情境。如果是你，会如何处理这些情况？

是在笔记本电脑出现故障时崩溃大哭、就此放弃，还是擦干眼泪、从头再来？

是在手术室门前徘徊犹豫、心神不宁，还是暂时收敛不安、将孩子交给家人照料？

是夹在工作与情感之间进退两难，还是停止抱怨、设法找到平衡？

生活不易，职场艰辛，我们才更需要铠甲与武器，而情商无疑是关键装备之一。

有些人天性开朗，很容易就能处理好与周围人的关系；有些人天生敏感，经常会因为别人不经意的言语或举动而对自己产生怀疑，前者一定比后者好吗？其实，个性没有好坏之分，但在某些条件下，一些个性特征会帮助个体更好地适应环境、发挥自己的所长。

那么，不具备这些特定的个性特征，就一定不能有所发展吗？当然不是，后天的学习、实践和领悟，一样可以帮助我们适应环境，成为专业而高效的职场人。

我毕业多年的弟子刘琳，把长期积累下来的丰富的工作经历和管理经验从心理学角度进行阐释，凝练成了这本书。在书中，她尝试提供的，正是在尊重个体特征的基础上，帮助职场人提升适应能力与抗压能力的系统性、体验式的情商培养方法。这本书具有以下三大编写特色。

基于专业的心理学知识

作者除拥有心理学背景外，更是结合10余年的管理经验和授课经验，从学术界对情商的主流研究模式开始，先后引入并诠释了情绪 ABC 理论、情绪劳动理论、自我控制的有限资源模型、习得性无助、心流、同理心、自我披露等心理学专业术语等。可以说，这本书是由扎实深厚的心理学知识和管理应用实践共同构成的。

使用深入浅出的语言风格

这本书除了具有突出的专业性，更难能可贵的是作者对专业知识和现实解释的比例把握，未曾让专业术语连篇累牍，而是通过讲述一个个生动有趣的职场故事，还别出心裁地设计了 A 版和 B 版的故事走向，帮助我们在故事中看、学和悟。

⊙ 提供可操作和易练习的修炼方案

授人以鱼不如授人以渔，这本书在介绍完每个技能点之后，为读者设计了许多简单易行的练习，例如，如何觉察自我情绪、如何寻找消极情绪的建设性意义、如何撰写提升幸福感的"三件好事"、如何表达愤怒、如何找到自己的小目标、如何自律、如何有效地说服别人、如何拒绝他人等。如果你曾因练习不得法而放弃，不妨尝试一下这本书提供的这些修炼方案。

生活不易，负重前行；职场艰辛，精进不休。愿每位职场人都能在情商培养中，收获每份努力之后应有的回报；也希望大家通过修炼情商，成为更好的自己。

崔丽娟

华东师范大学心理与认知科学学院应用心理学系教授、

博士生导师，中国心理学会社会心理学分会会长，

上海市社会心理学会会长

前 言

你接到一项上级交代的任务，任务有点难，你自认为已经尽最大的努力去做了，但最终还是没能达到领导的预期。当上级告诉你，你的工作未能达标时，你会怎么办？

在我十几年的职场生涯里，我带过很多不同的下属，面对刚刚讲到的这个场景，他们会有完全不同的反应，大致可以概括为以下 5 类。

A：无所谓。

"我已经尽力了，没有做好也不是我不努力，就这样吧，尽人事知天命。"

B：气愤和不服。

"我已经很努力了，没有做好并不是我的责任，上级凭什么要责怪我！他自己做了什么努力吗？"

C：忐忑不安。

"上级会不会对我有什么看法，我今年的职级晋升会不会受影响……"

D：自怨自艾。

"我怎么这么差劲，一直达不到上级的要求。"

E：遗憾，但会积极寻找改进点。

"这次没做好，的确是挺让人沮丧的。但事情已经过去了，相信上级也知道我已经尽力了。我还是赶快复盘一下，看看哪儿还能再改进。"

以上5种类型的小伙伴，哪一种能够在职场中走得更高、更远呢？无疑是第5种，那么，和其他4种小伙伴的反应相比，这一类小伙伴到底强在哪儿？答案是情商更高。

相比前面4种小伙伴的反应，最后一类小伙伴，在情绪管理、自我激励、理解他人情绪方面都会做得更好，所以，他可以在一个小挫折面前保持乐观，可以驱动自己快速复盘以求下次做得更好，也可以理解在上级心中，一件事的成果好坏并不会对他的整体印象分值产生决定性的影响。而情绪管理、自我激励、理解他人情绪等特质都是情商的重要构成部分。

所以，你就不难理解，为什么"情商"这个词，无论是在学术界，还是在工作中，或者在日常聊天中，都越来越多地被关注和提及。特别是对于职场人士而言，当其他专业能力和经验没有太大差异的情况下，情商则会成为影响绩效表现的一个重要因素。

那么，情商是可以培养的吗？

当然。这世上，固然有天生的情商高手，但大多数普通人都是在摸爬滚打中不断地体悟、反思，不断地提升自己的情商的。通过刻意练习、积极改变与尝试，则更能够加快个人情商的提升。

正是因为感知到了职场中情商的重要性，最近几年我一直分外关注情商培养这个领域，我系统性研读了相关领域的论文与书籍，并获得了 EQ-i 2.0（Emotional Quotient Inventory 2.0，情商量表2.0）测评师的专业认证。得益于从本科到研究生阶段心理学的科班背景，我有一些社会心理学的知识积累，结合十余年管理实践中积累的一些经验，我逐步建立了在职场情商这个领域的知识体系。同时，我的本职工作是一名领导力顾问与培训师，我开发了几门和情商培养相关的课程，这些课程曾走进过工商银行、阿里云、海尔、五矿等数十家知名企业，授课过程中得到了良好的反馈。本书的内容，就是基于上述实践。

对于本书，我希望聚焦于职场的情境，写给处在基层岗位上的职场人及即将成为职场人的大学生们看。对于他们而言，想要选择一本系统地提升个人情商的书有一定的困难，因为合适的书籍并不多见。目前，市场上关于情商这个话题的书大致分为两类，一类偏重学术理论，可以帮助人们非常系统地建立对情商的理论认知，但读起来相对费时费力，也较难在生活和工作中直接应用；另一类则属于心灵鸡汤流派，读起来通俗易懂、温情暖心，但读者并不能获得关于"如何做"的具体建议。

在韩寒的电影《后会无期》的宣传海报上印着这样一行大字："听过很多道理，依然过不好这一生。"这句话戳中了很多人的心。

所以，在构思本书时，我就给自己定了这样的目标：本书不仅讲授道理，还传递方法；不仅让读者获得知识，还要教会读者如何在行为上有积极的改变。

在本书中，我是知识的搬运工。我希望能够凭借自己在心理学方面的专业背景，以及在企业管理培训领域多年积累的经验，把和提升情商相关的工具与方法从不同的经典书籍及课程中提炼出来，在本书中得以系统性地呈现。

在本书中，我也是理论的诠释者和加工者。在搬运知识的同时，我力图用更通俗、更符合职场新人应用情境的语言和案例对这些工具理论进行解读，让年轻的读者们愿意读，也读得进去。

在本书中，我还是一个业余编剧。我会把这些年做管理、带团队、授课时看到的、听到的一些和情商相关的职场故事呈现出来，让你带着故事去阅读理论，带着体验去理解工具和方法，从而能在工作中顺利地应用。

在构思本书的整体框架时，为了更加严谨，我也研读了相关的学术资料。从理论研究的角度而言，情商其实是指"情绪智力商数"（Emotional Intelligence Quotient），目前，学术界对情绪智力的研究主要有两种代表性的模式。

第一种模式，以萨洛维和梅耶为代表，他们提出的情商模型可以称为能力模型。对情商能力模型的研究秉承了心理学领域智商研究范式的研究方法。萨洛维和梅耶也是最早在学术论文中提出"情绪智力"概念的研究者（1990 年）。

　　第二种模式，以鲁文·巴昂和人们最为熟知的丹尼尔·戈尔曼为代表，他们提出的情商模型可以称为混合模型。混合模型以预测成功为目标，试图在传统智力因素之外找到能够预测成功的各种心理因素，并整合在情商模型中。鲁文·巴昂在1996 年提出了由 5 个维度 15 个因素组成的 EQ-i 模型，此模型被 MHS（Multi-Health Systems）公司引入了商业领域，他们所推出的情商测评和相关的课程已经被很多知名企业采购和应用。丹尼尔·戈尔曼则在 1995 年出版了 *Emotional Intelligence*（中文版名为《情商：为什么情商比智商更重要》）一书，将此概念从学术界推广给大众。后来戈尔曼又陆续出版了系列畅销书籍，并在 2001 年提出了关于情商的理论模型。虽然他并不是最早提出情商概念的研究者，但他在大众群体中产生了极大的影响力，所以人们把他称为"情商之父"。戈尔曼在《情商：为什么情商比智商更重要》一书中沿用了萨洛维和梅耶最早对情商的概念界定，即情商主要包括 5 个方面的能力，分别是了解自身情绪、管理自身情绪、自我激励、认识他人的情绪和处理人际关系。

　　本书并不是一本学术书籍，而是从实用的角度出发进行构思，所以，全书的理论框架沿用了丹尼尔·戈尔曼在《情商：为什么情商比智商更重要》一书中的定义，这也是目前传播较广、在大众中影响力较大的定义。

　　最后，再谈一点对于"为什么要提升情商"的个人感受。

　　在职场中，情商可以帮助人们更好地获得同事认可、发挥专业价值、提升绩效表现，职场需要它的助力。

如果回归到生活之中，情商的提升，不仅能帮助人们获得成功，最重要的是，它能够帮助人们拥有更强大和丰富的内心，让人们变得更平和、更坦荡、更专注、更从容，可以拥抱更具幸福感的人生。我想，这才是人们提升情商更重要的意义。

关于这个目标，我也还在努力。所以，不妨让我们一起，从本书开始，去寻找那个更好的自己。

关于本书的阅读建议

▶ 这是一本什么样的书

这是一本关于"职场情商"的书，它聚焦于职场的工作情境，介绍在职场中如何认知、管理和表达情绪，如何自我激励，如何识别他人的情绪，如何打造良好的人际关系，如何更好地适应职场。

本书第1~第5部分的章节大多都以故事开始，以故事和练习结束，让你看到的不仅是关于情商的理论，更能感知到这些理论与方法如何在工作的现实情境中落地和应用。

▶ 这是一本适合什么人看的书

情商无论是对你处理和父母、家人的关系，还是追求自己的心仪对象，或者和上级建立信任，或者和生意中的合作伙伴推进关系来说，其实都非常重要。也就是说，提升情商，不论对什么年龄、什么身份的人，也不论是对生活还是对工作来说，都是一件有价值的事。

在构思本书时，我期望它能够在情商这个大话题之下更聚焦一些，更实用一些。于是，我写的故事，都是以职场基层员工为主角，以办公室为背景场所的。

所以，这是一本适合职场基层员工（还没有走上管理岗位的职场人）或准职场人看的书。你看到的所有故事，也许都在你身边的办公室里上演过，如果你能在其中找到自己的影子，我会感到特别欣慰。从初入职场到日渐成熟的过程中，人们或多或少都会有些迷茫，希望本书会对你有帮助。

假如你已经走上了管理岗位，本书中的理论和工具依然会对你有一定的帮助，只是故事会缺乏一些代入感。你仍然可以尝试把工具应用在自己的挑战场景中。

同时，如果你是一位企业内部的培训师，在讲授情绪管理、职场沟通等和情商相关的课程时，相信本书中的故事、工具和练习会对你有一定的借鉴意义。

⊙ 这本书应该怎么读

如果你愿意，你完全可以花一个周末的时间就把这本书读完。但是，我非常不建议你这样来读本书。

我的建议是，一次只读一章。而且，每周阅读不要超过一章。为什么我会这么建议？且听我来为你分析。

根据"情商之父"丹尼尔·戈尔曼的理论，情商主要包括5个方面的特质，我将在"从这里开始：情商初体验"这一部分来详细讲述5个特质的内涵。而本书的后面5个部分将围绕这5个特质展开。

第 1 部分，重点讨论职场中对自己情绪的觉察与管理。

第 2 部分，讨论如何合理地表达自己的情绪。第 1 部分和第 2 部分可以帮助你学习与自己的情绪相处。

第 3 部分，讨论如何有效地自我激励，帮助你对抗懒惰或拖延。

第 4 部分，学习如何培养同理心，更好地识别他人的情绪和需求，从而提升在职场中的沟通效率与效果。这部分特别分析了你应该如何与上级，以及跨部门的同事沟通，能够帮助你解决日常沟通中的一些常见困惑。

第 5 部分，探讨职场沟通中的一些原则和技巧，帮助你分析自己的性格和优势，用更自在和自如的方式征战职场社交。

在每部分中，我都会安排 2~5 个不同的章节，每个章节有针对性地解决一个问题，这些章节之间有一定的关联性，但又彼此独立。每个章节都由故事、理论、实操工具构成，章节的最后还会匹配相应的练习。为了让你更形象地感知高情商和低情商职场人士在具体工作情境中的行为差异，我的故事通常会写成 A 和 B 两个版本，你可以在不同的版本中寻找自己的影子，找到自己改进的方向。

所以，我诚挚地建议你按以下方法读本书。

读完"从这里开始：情商初体验"，花点时间思考一下，目前自己最希望优先提升和改善的是哪方面的特质？然后，通过目录快速定位，找到相应的章节优先阅读。

读每一章节时，花 20 分钟左右的时间读完故事加讲解部分，花15分钟的时间来完成练习，这并不是一个单向吸收的过程，而是一个代入自己的实际经验反思并增进理解的过程。读完一章节之后的一周内，在工作场合有意识地尝试应用讲解部分提到的工具。如果你能够时常翻开练习部分，经常代入不同的案例，反复去做，那就更棒了！

至少两天之后，再去读下一个章节。

这个过程并不容易。相比而言，去读一本小说，或者一本心灵鸡汤类的书，在短时间内带来的放松和愉悦都会远远多过本书。但我更希望，你带着改变和提升自己的内在动力，付出一定的时间与精力阅读和练习，然后获得长远的收益。

这就是本书叫作"情商课"的原因。在我的设想中，每一章节都能够成为一个学习的过程，让你学到新的知识和理论，也能够引发你的反思，让你获得新的工具，更能用这些工具真正地改善自己的情绪处理模式、思维角度和行为方式。

如果要给本书概括一个特点，我会说，这是一碗带勺的鸡汤。

所谓鸡汤，是因为我希望它有温暖的治愈作用。但是，人们对于常常看到的各类鸡汤段子，会有这样的感觉："你说的都对，可是，我就是做不到。"

所以，我希望我给了你喝汤的"勺子"，也就是本书中的工具和方法。请你握紧它、使用它，并真正为自己带来改变。

改变很难，但是值得。

积极改变，是送给未来的自己最有诚意的礼物。

目　录

从这里开始

情商初体验

情商到底是什么？会说话？有眼力见儿？喜怒不形于色？人见人爱？

这些在大众认知中的"高情商"标志并没有完整而准确地描述情商的定义。从20世纪90年代情商的概念第一次被正式提出以来，心理学家们给"情商"下过几种不同的定义，也提出了不同的理论模型。以下从实用的角度出发，根据"情商之父"丹尼尔·戈尔曼的理论，从5个方面的能力特质来为你解释情商这个概念。

1 【明晰概念】

情商到底是什么

　　叶子今年大四，刚刚加入一家公司的市场部做实习生。上班第二天，市场部总监和广告公司的客户经理就下一阶段的市场活动进行开会讨论，安排叶子在现场协助做会议纪要。总监带了杯咖啡进会议室，会开到一半，咖啡喝完了，于是跟叶子说："麻烦你去我的办公室，帮我把茶杯拿过来。"

　　叶子瞬间紧张起来，作为一个超级路盲，她此刻最担心的是能不能找到总监的办公室，能不能在偌大的办公室里找到那个杯子，以及能不能顺利找到回来的路。幸运的是，一切都很顺利，叶子准确地找到了办公室，迅速拿到了马克杯回到会议室，轻轻地放在总监面前。

　　整个过程用时不到3分钟，叶子觉得，自己的回应迅速，动作干净利落，堪称完美。她轻轻地松了口气，如果不是在会议室，她简直想打个响指。

　　可是，杯子放下的那一刻，叶子总觉得总监看向自己的眼神有点怪怪的。

　　这到底是为什么？

　　让我们把镜头拉近到总监的马克杯上看一眼。嗯，杯子是没错，但是里面装的是已经冰冷的茶水。而这个会议室距离饮水机还有10米。

　　只见叶子的直接上级，也就是总监助理默默地拿过杯子，走出会议室，回来时把一杯热茶放在总监面前。总监和她交换了一个眼神，用口形说了句谢谢。

那一瞬间，叶子觉得如坐针毡。

叶子的问题出在哪儿？跟情商有关吗？

显然，她没有做到"站在对方的角度思考问题，从而感知对方的需求"。

作为一个刚刚加入公司的小实习生，她是谨小慎微的，她希望自己完美而迅速地执行上级的每一道指令，她脑袋里的弦一直绷得紧紧的。

于是，当她听到总监让她去拿杯子的指令时，她全身心地想怎么尽快完成这个任务。然而，她并没有好好想想，总监到底要这个杯子干吗？如果她能站在对方的角度思考问题，而不仅是站在自己的角度想着尽快按指令完成任务，那即使简单思考，她也会明白总监是想喝水，而不是只想要一个装着冰冷茶水的杯子。

能站在对方的角度感知他的情绪和需求，是情商的重要特质之一，假如用一个词来概括这种特质，那就是"同理心"。

除了这一点，情商还包括哪些特质，或者哪些要素？

心理学家们给"情商（情绪智力）"下过几种不同的定义，也提出了不同的理论模型，这些定义之间的共同点就是，"情商（情绪智力）"是一组与情绪及情绪信息有关的能力[①]，其中包含了理解、觉察、调节、表达情绪，以及对情绪进行推理等能力，而这些情绪既包括自己的，也包括他人的。

---

① 傅小兰. 情绪心理学 [M]. 上海：华东师范大学出版社，2016.

根据"情商之父"丹尼尔·戈尔曼在《情商：为什么情商比智商更重要》一书中的介绍，可以从 5 个方面的能力特质来进一步理解情商这个概念。

⊘ 了解自身情绪

有没有见过以下这样的场景？

两个人发生了争执，旁边有人劝道："你们别生气。"其中一人大手一挥，说："我没生气！你不用劝我！"

其实此刻他说话的分贝值几乎已经达到巅峰。他是真的没生气吗？当然不是，他只是缺乏对自身情绪的了解和觉察。

那么，你呢？

当你愤怒时，你知道自己正处在这种状态中吗？你能清晰地告诉自己到底是为什么愤怒吗？

当你烦躁不安时，你是否能觉察到自己和平时的状态不太一样，并提醒自己要停下来梳理一下烦乱的心绪呢？

当你极度亢奋时，你能够意识到自己的激情和快乐是从何而来吗？

对情绪的理解和觉察是避免自己被情绪所操控的关键。

⊘ 管理情绪

经典科幻电影《星际迷航》中塑造了一个崇尚逻辑和绝对理性的种族——瓦肯人，他们是宇宙中智慧最高的生物，所有的决策和行为全部基于理性的逻辑判断，丝毫不掺杂任何感性。

然而，在现实生活中，这样的人类是不存在的。在职场中总是能看到一些理性的典范，他们愤怒时不随便抓人泄愤，在艰难或繁杂的任务前保持不焦躁、不抱怨，即使被无礼冒犯也能平和地回应。这并不是因为他们如瓦肯人一样绝对理性、没有消极情绪，只是因为他们做到了有效地管理自己的情绪，并在此基础上进行了恰如其分的表达。

同时，我还想特别强调一点，高情商不表示没有情绪或不表达情绪。真正的高情商人士会在该哭的时候哭、该笑的时候笑、该发火的时候发火，他们不压抑情绪，也不夸大情绪，他们贴合时宜地、有建设性地表达情绪，懂得应用情绪的能量，让自己成为真实而丰满的个体。

▶ 自我激励

年初的时候下决心说今年要每月至少读一本专业书籍，年底了发现书架上还有好多书连塑封都没有拆掉；

站在体重秤上看着又一次上涨的数字，决定以后不吃高热量食物，下一秒对着小蛋糕却忍不住伸出了手；

打开笔记本电脑准备要加班写工作总结，但忍不住点开手机刷起了短视频，然后，就没有然后了……

你有没有遇到过上述的情况？

以上这些情况都关乎你的自我激励与自我控制能力，这也是情商中非常重要的特质，自我激励能力强的人善于围绕自己设定的合理目标进行有效的情绪控制，也就是说，战胜那些想要偷懒或放开吃的冲动，从而激发出更多的坚持和更强的创造力。

▶ 识别他人的情绪

和好朋友在一起时，你敢于口无遮拦地拿他们开玩笑，是因为你知道，他们不会因此而生气。如果你加入了一个新团队，你应该不会用同样的方式和新同事说话，是因为你知道这样做很可能会让对方觉得被冒犯。这个判断的过程就是在"识别与理解他人的情绪"。

能够准确识别他人的情绪，也是情商中的一个重要特质。即使在对方喜怒不形于色的情况下，高情商的职场人士也可以判断自己的一个举动或一句话可能会引发对方怎样的微妙情绪反应，从而判断如何采取下一步行动。这种能力也可以被称作"同理心"。

▶ 处理人际关系

高情商人士未必酷爱社交，也未必是社交场上最吸引大家眼光的焦点人物或明星，但只要需要，他们就可以表现出良好的人际关系处理能力，与他人顺畅地开展人际互动，达成高质量的社交活动。处理人际关系能力建立的基础是"了解自身情绪"、"管理情绪"和"识别他人的情绪"。

2 【破解迷思】
那些关于情商的误读

在进入正式内容介绍前，我还特别希望通过澄清几个问题，来帮助你更全面、更深刻地认知"情商"。

> ➤ 一个人的成功 20% 由智商决定，80% 由情商决定。这是真的吗？

这句话流传甚广，也被很多的情商课、情商书拿来作为宣传语。据说这句话来自"情商之父"戈尔曼的著作，这是真的吗？

当戈尔曼的《情商：为什么情商比智商更重要》一书再版时，作者特别在序言中澄清了这个观点。他说："这种误解起源于智商对事业成功的贡献率约为 20% 的说法——它本来就是一种推测。这种推测说明成功的主导因素还没有得到明确，需要寻找智商以外的因素填补空白。但这并不代表情商就是余下的 80% 的因素，影响成功的因素非常广泛，除情商之外，还包括财富、家庭教育、性格，以及莫名其妙的运气等。"[①]

戈尔曼之所以要特别澄清这个观点，是因为他说："对情

---

① 丹尼尔·戈尔曼.情商：为什么情商比智商更重要 [M]. 杨春晓，译.北京：中信出版社，2010.

商的误读给人们带来了一些迷思。"而我希望在本书的开篇就特别地讨论这个问题，同样希望传递一个信号："情商是重要的，但不是解决问题的唯一金钥匙，不要神化或迷信它。"

成功到底意味着什么，世人会有不同的解读。挣很多钱？有很高的社会地位？对社会有贡献、有价值？抑或是拥有强大而平和的内心？假如不讨论这个复杂的、容易引发价值观之争的话题，仅把成功定义为一个最世俗也最普世的概念——能够挣到丰厚的薪水并拥有一定的社会地位，那么，高智商人群在获得成功这件事情上的优势仍然是不容置疑的。

《生活大爆炸》中的少年天才谢尔顿，智商187，15岁获得博士学位，供职于著名的加州理工学院，是一位理论物理学家。谢尔顿足够聪明，按刚刚界定的成功标准，也足够成功，但生活中的谢尔顿简直就是剧情中的情商洼地，他听不懂别人的幽默，也听不出好友善意的讽刺，习惯显摆自己的智商，对别人经常提出苛刻的要求。

什么？你说谢尔顿是个虚拟人物？没错。可你知道吗？这个角色的灵感其实来自编剧比尔·普拉迪认识的一位计算机程序员。的确，在我的生活和工作中，就见识过这样的高智商低情商人群，他们和陌生人说句话都会脸红，但丝毫不妨碍他们成为顶尖的程序员或科学家。

小提示

第一，那些智商很高但情商也许差点意思的伙伴们，别执着于"成功的80%由情商决定"这个观点，更别因此

8

而妄自菲薄。凭借你们聪明的脑袋，你们可以找到一个对人际交往要求相对比较低，又可以充分发挥个人智商优势的工作领域，也有机会获得世俗意义上的成功。而其中的关键点在于，找到那个领域，而不是勉强自己和一些高情商的人竞争。

第二，阅读本书，试着突破自己的情商短板限制。在智商水平没有明显差异的情况下，情商可以帮助你在成功的基础上更成功。例如，在一些智商超群但情商一般的程序员中，那个高情商的程序员更有可能成为领导者。

第三，补充说明一点，这世界上不太可能存在"情商非常高，但智商非常低"的个体，因为情商需要通过智商才能发挥价值。举个例子，当你具备对他人的同理心时，你会知道，简明扼要地说出重点才是有影响力的表达方式，但如何才能简明扼要、逻辑性强地表达出重点呢？这当然需要智商的助力。国内外的学者们也通过不同的实证研究证明了智商和情商之间存在一定相关性。

所以，情商很重要，并不意味着智商不重要，更不是说只要情商高就一定能在职场畅通无阻。智商和情商的平衡发展才应该是人们追求的目标。当然，在成年之后，智商会基本稳定在某个水平，不会有太大变化，但情商可以在刻意练习下获得发展。所以，对于儿童而言，开发智商和情商都具备一定的可行性，但对于成年人而言，修炼和提升情商更具可行性。

⊙ 高情商就是让周围的人觉得舒服

曾经在微信朋友圈看到一篇转发和阅读率都颇高的文章，题目叫作《让别人舒服的程度，决定你人生的高度》。还有句话叫作"高情商就是让周围的人都觉得舒服"。信息爆炸的年代，观点和态度鲜明的标题最易传播，却也可能引起误解。那么，你认同这两句话吗？

什么是让人觉得舒服？

在没有利益冲突和立场冲突的情况下，尽可能表现出对交往对象的尊重和认同，就可以让对方觉得舒服，这似乎不难。

然而，职场中的交往和沟通却不是闲聊。通常几句寒暄过后奔向主题时，你就会发现，利益和立场冲突几乎无处不在。

同事说手头事情有点忙不过来，需要请你帮忙做一些数据处理，而恰好你今天的工作也排得满满的，如果帮了这个忙，自己就需要加班，你会怎么办？

昔日好友打电话过来，说听说你现在是个圈内著名的设计师，而他正好要开个小店，麻烦你帮忙免费设计几张宣传海报。事实上，你下班后已经有接私活赚外快的安排了，帮了这个忙就意味着减少一些经济收入，而好友觉得这只不过是你的举手之劳而已。你会怎么办？

如果情商高就是让人舒服，那么显然，在刚刚的两个情况中，委屈自己，放弃自己的一些利益答应别人的要求，是让对方舒服的方式。但显而易见，这并不是最好的选择。

委屈自己也就罢了，然而工作中人们碰到的更多境况是，即使自己受了委屈也依然无法让对方舒服。

跨部门的同事提出一个在你的部门资源和能力之外的需求；客户提出要在原来条款的基础上追加一个条件；供应商提供的服务让你没那么满意，对方却在强词夺理……一旦涉及利益和立场的不一致，"让周围的人舒服"就成了一个即使让渡个人利益也不可能完成的任务，更何况，个人利益并不能轻易地被让渡。而这时，高情商的表现应该是，懂得拒绝不合理的要求，更懂得在拒绝时尽量让对方不难堪、不尴尬；懂得说服或影响对方改变诉求，更懂得寻找立场对立的双方共赢的方向。

小提示

第一，在对自己及自己所供职的团队和组织利益负责的前提下，尽量用让别人舒服和能接受的方式解决问题，这才是情商高。而让所有人都觉得舒服，可能更适合用"圆滑"这个词来形容，"圆滑"的人也许大多情商不低，但这并不是高情商的真实内涵。

第二，职场新人们，你们需要放弃"让所有人都舒服"的执念，不一味地迎合，要寻找一个平衡点。这的确很难，但必须尝试。

▶ 那些人们眼中"情商高"的人，是真的情商高吗

先来看两个典型人物，一个来自文学作品，另一个来自现

实生活。

第 1 个是红楼梦里的黛玉，她常常被作为善于察言观色的典范，她的情商表现究竟如何？在黛玉初进贾府那一章里，曾有这样一个片段：

贾母因问黛玉念何书。黛玉道："只刚念了《四书》。"黛玉又问姊妹们读何书。贾母道："读的是什么书，不过是认得两个字，不是睁眼的瞎子罢了！"

一语未了，宝玉就来了，书中这样写道：宝玉便走近黛玉身边坐下，又细细打量一番，因问："妹妹可曾读书？"黛玉道："不曾读，只上了一年学，些须认得几个字。"①

黛玉为何会改口？她正是因为在刚刚的对话里体察到了贾母的情绪和内心喜好——女孩子并不需要博学多才，于是才会在宝玉提问时不再提起《四书》，反而回答说"不曾读"。

从这个情节中，不难发现黛玉"识别他人情绪"的能力已经很出色了。然而，黛玉始终生活在寄人篱下的不安全感中，因为和宝玉的恋情，更是常常沉溺在悲伤和抑郁中，甚至积怨成疾，郁郁而终。对应情商的 5 种能力，不难发现，她在"管理自己的情绪"方面的能力低于大多数人。

所以，你觉得黛玉是个"高情商"的姑娘吗？应该不是。

第 2 个人物是大家再熟悉不过的乔布斯。

世人对乔布斯的评价是充满争议的。

---

① 曹雪芹. 红楼梦 [M]. 北京：人民文学出版社，2008.

有人说，他是个天才，对美与设计极有天赋，又有着极为严苛的追求。他善于讲故事，能用他的故事激励人和鼓舞人。

当然，也有人说，他自以为是，一味地追求完美。他觉得自己比任何人都聪明，从来听不进建议。他暴躁易怒，从不在意别人的感受。

对于这样一位天才的是非功过，我不敢妄加评论。但至少可以从《史蒂夫·乔布斯传》的一些细节里看出，乔布斯确实不是一个情绪平和的人。有一段原文是这样写的：

大部分人在大脑与嘴巴之间都有个调节器，可以调整他们粗野的想法和易怒的冲动。乔布斯可不是，他很看重自己残酷诚实的一面。"我的责任是当事情搞砸了的时候说实话，而不是粉饰太平。"他说。这一点使他富有魅力又能鼓舞人心，但也使他有时候，像个浑蛋。①

所以，当对应情商的 5 种能力来看时，乔布斯在"自我激励"方面无疑非常优秀，但在"管理和控制自己的情绪"方面并不算好。

就好像一个数理化特别棒的高中生会英语考试不及格一样，人们在情商的 5 种能力上的表现未必全部正相关。一个善于识别自己情绪的人未必对他人具有同理心，而一个善于自我激励的人也未必善于处理人际关系。除那些非常少见的情商高手外，更多的人都是在情商的不同领域各有所长。

---

① 沃尔特·艾萨克森. 史蒂夫·乔布斯传 [M]. 管延圻，等译. 北京：中信出版社，2011.

生活中，大多数人对于他人情商高低的评价往往集中在人际交往能力上，而忽略了情绪觉察、自我激励等能力。当你读完这个章节之后，希望当你再听到人们评价他人情商高低时，不妨想想，在情商的 5 种能力中，他到底是哪方面比较强，或者比较弱，才导致别人对他有这样的印象。

同样，当人们对自己的情商感到着急时，也不妨试着分析一下，你在这 5 个方面到底哪一点做得不好？也许你会发现，自己其实需要改善的只有 2~3 点，而在其他方面做得还不错。当人们清晰地认识到这一点以后，就可以尝试有针对性地改善自己的短板了。

正如我在前面介绍的，你可以通过目录快速定位，寻找自己最希望提升的领域做精读，而已经做得比较好的方面，就可以略读或跳过了。

那么，接下来，就让我们共同开启情商提升之旅吧。

第 1 部分

拯救玻璃心

职场中的情绪觉察与情绪管理

人们在职场中总能看到一些这样的小伙伴，他们愤怒时不随意找人泄愤，在繁杂的任务前能保持不焦躁、不抱怨，即使被无礼冒犯也能平和地回应。这并不是因为他们没有消极情绪，只是因为他们做到了有效地管理自己的情绪。你是不是也想成为这样的人？

3 【情绪觉察与接纳】

要么忍，要么滚？其实还有第 3 种选择

　　这个故事，虽然有相同的开头，但是有 3 个不同的结局。所以，以下分别把这 3 个不同走向的故事称作 A1 版本、A2 版本和 A3 版本。

▶ A1 版本的故事

　　小扬，从小到大，几乎一直都是"别人家的孩子"。

　　从小学到中学，几乎没让家人为他的学习操过心，顺理成章地考上了一所 985 大学。在大学中，依然是顺风顺水，当学生会干部、拿奖学金、去大厂实习。

　　大学毕业，他进入某互联网大厂，成为一名助理产品经理。工作第一年，小扬觉得自己从"学生"身份转换成"职场人"的过程还是相当顺利的，他的第一任上级大鹏是自己的校友，算是师兄，和他一样都爱踢足球。小扬工作很努力，师兄对他很认可。入职几个月以后，小扬就已经可以独立完成一些基础模块的工作了，师兄也会在关键的节点上给予一些指导和点拨。周末小扬偶尔会和师兄一起踢场球，亦师亦友的上下级关系显得分外融洽。

　　可最近，小扬遇到了一些麻烦。

刚过完年，师兄出于个人职业发展的原因离开了公司，平级部门的一个女主管林琳调到小扬的部门，成了他的新上级。

林琳非常能干，思路清晰、逻辑严谨，小扬对她的专业能力很服气，却很不适应她的管理风格。

师兄会授权小扬独立完成一些模块，有产出结果后再一起检验。但是林琳会要求小扬在工作开始前把所有的细节都汇报清楚，她确认没有问题后再让小扬开始工作。

师兄在收到小扬的工作报告后经常会先回复邮件说："做得不错。"林琳几乎不怎么夸小扬，每次收到报告都会把小扬叫到自己计算机边，对着报告指出哪些地方有问题需要修改。

和林琳共同工作了两个月，小扬总觉得束手束脚，每天上班都提不起劲来。

有一天刚吃过午饭，林琳又坐到了小扬旁边，让他赶快打开计算机，说要修改一下昨天那份报告，下午会议上着急用。报告一打开，林琳开始一页一页地指点小扬应该怎么改。

"这儿，这个字号小了点，你调成跟标题一样大。"

"这儿，看着有点别扭，是不是用了半角标点？我不是跟你说过好几次，标点要用全角吗？"

"这个用词不太准确，把'用户需求'改成'用户痛点'，这样更准确……"

10 分钟过去，小扬烦躁无比。他心想，这领导怎么这么烦，总是改这些细节，对报告整体有什么影响吗？有这时间还不如在大框架上下点功夫。

15分钟过去，小扬的内心已经极度崩溃了，终于，在林琳又提出下一个修改要求时，小扬站起身，对林琳说："这么手把手地教多耽误工夫，您还是自己来吧。"然后拿起水杯离开办公桌，去了茶水间。

林琳愣住了，她并没有预料到小扬会有这样的反应。

小扬去茶水间喝了杯咖啡，觉得跟着这样的上级实在是不爽，于是他快速地做了个决定：走！于是，他回到座位上就直接跟林琳提出了辞职。林琳有点错愕，也有点无奈，但没有多说什么。

第二天，小扬有一点点后悔，但又觉得骑虎难下，而且他也觉得确实很难再和林琳和平相处，还是提交了正式的辞职申请。

一星期后，小扬离开了公司。

◉ A2 版本的故事

前面的故事与 A1 版本都一样，但结局不同。

当林琳坐在小扬旁边指指点点10分钟以后，小扬的内心已经极度崩溃了。他想着，再忍忍，总不能当面跟领导拍桌子。

于是，他强压着心底的烦躁情绪，按林琳的指点继续修改。

20分钟后，终于改完了。

晚上回家，小扬跟女朋友抱怨林琳：你说这女人是不是有病？有她这么当领导的吗？也不知道她是怎么做到这个职位的。

女朋友当然是随声附和，劝小扬别和她一般见识。

小扬也考虑过离职，但目前的公司和职位对他而言，的确还是很有吸引力的，凭毕业一年的工作经验，要找一个同类的岗位也并非易事。于是，小扬决定继续忍。

忍是忍下来了，但小扬对林琳的管理方式越来越抗拒，白天工作时总是处于糟糕的情绪状态之中，晚上回家后跟女朋友的抱怨已经成了例行功课。

小扬不知道，自己还能坚持多久……

▶ A3 版本的故事

当林琳坐在小扬旁边指指点点 10 分钟以后，小扬的内心是烦躁的。但是，他马上提醒自己，对待上级要有尊重的态度。

于是，小扬按照林琳的指点改完了方案。

在之后的工作中，类似的情况常常上演。小扬的脑子里就像住着两个"小人"。一个"小人"任性随意，每当遇到林琳的指点时，这个"小人"就会跳出来说："有完没完，真是烦透了。"然后，另一个严肃认真的"小人"就会跳出来说："小扬，你应该成熟点，你这么想是不对的。你是一个成熟的职场人了，不能由着自己的性子来，按上级说的做。"

偶尔，第 1 个"小人"会跳出来说："我不干了，辞职。"

第 2 个"小人"会马上跳出来说："别冲动，我一定要在这个公司工作满两年，这样出去才能找到更合适的职位。"

不管内心的两个"小人"怎么斗争，小扬从来都没跟别人说过，不管是克服自己内心的冲突，还是管理好自己的消极情绪，他都觉得应该自己搞定。

在他的女朋友、父母，甚至同事眼里，他依然是原来的那个小扬。只有他自己知道，这段日子并不好过。

➤ 故事的背后

3 个版本的小扬，你更欣赏哪个？

先不做好或不好的点评，因为这 3 个小扬分别代表了应对消极情绪的 3 种典型方式，以下来逐一分析一下。

｜ 应对消极情绪的 3 种典型模式

1. 战斗——怼回去

这是让很多当事人觉得最"爽"的处理方式。

你让我不开心了，那我就反击，就对抗，或者用不加掩饰的方式直接表达出来。

A1 版本中的小扬的做法就属于这种模式。

2. 逃避——找其他人抱怨

A2 版本中的小扬选择了逃避冲突，先忍下来。不过坏情绪依然在，怎么办呢？回去找自己最亲密的人倾诉和抱怨，在自己朋友或亲人的附和中，坏情绪似乎得到了短暂的释放。

第一种和第二种方式有一个共同点：认为自己没有错，而别人的错误行为是自己坏情绪的源头，别人应该对自己的情绪负责。

3. 压抑和否定

A3 版本中的小扬选择压抑和否定消极情绪。他脑子里的两个"小人"，一个代表了最本能的情绪冲动，而另一个代表了基于理性和逻辑的分析。通过分析，他觉得自己的情绪是不合理的，所以要把这个情绪压抑住。

这似乎是看起来最成熟理智的一种处理方式。请注意，我用了"似乎"，因为我并不完全认同这种方式，后面会做具体分析。

看到这儿，不妨先停下来思考一下，自己常用的"模式"是哪一种？

不同消极情绪的应对模式分别会带来什么

1. A1 版本，"怼回去"之后的结局，你想过吗？

有些伙伴也许打心底里还挺欣赏 A1 版本中小扬的处理方式。我在社交媒体上就常看到这样一句话："与其内耗自己，不如发疯外耗别人。"乍一听，这句话似乎挺有道理。然而，假如你习惯于用这种最简单直接的方式来应对这类场景，还是需要再多问几个问题。

第一，从当下看，辞职是对自己最有利的选择吗？

潇洒放弃以后是不是还能找到符合自己要求的平台和职

位？答案是未知的，所以至少需要评估和思量。

第二，从未来的发展看，这个举动对今后的职场路会有什么影响？

其他公司的 HR 问起离职原因的时候你会如何回答？背景调查的时候你的上级和老板会怎样描述你的表现？要知道，在任何时候，尊重别人、有责任心、做事有始有终都是最基本的职场规则。

我并不认为"裸辞"一定是一个不好的选择，前提是，这是一个慎重考虑下的选择，而不是一时的意气之举。

瞬间的潇洒与痛快之后，很有可能有一段职场空窗期和持续的焦虑感，你真的愿意承受这个代价吗？

总之，直接宣泄情绪是最简单的方式，但这种方式带来的后果可能是人们无法承担的。头脑发热之后人们还是要面对那个不好收拾的烂摊子。

有句话说"Follow your heart but take your brain with you"（听从心的声音，但记得带上你的脑子），非常适合送给 A1 版本中的小扬，也请正在阅读本书的你用以自勉。

> **小提示**
>
> 你可以肆无忌惮地直接表达情绪，但你需要知道这样做的后果是什么，以及你是否能够承受。

2. A2 版本，你的同盟军给你带来的究竟是什么？

A2 版本中小扬的做法应该是比较常见的模式。作为中国人，人们一直接受"应该尊重权威"的规训和教育。不和上级直接发生正面冲突，会是很多职场人的第一选择。

然而，虽然避免了正面冲突，但愤怒、烦躁的情绪并没有消失，怎么办？小扬选择了找女朋友抱怨。在抱怨中，他得到了理解、认同和安慰。

当你选择用这种方式来处理情绪时，倾诉对象所得到的信息是片面的，除非他们具备了非常中立和审慎的态度，通常他们会变成你的同盟军，附和你，甚至和你一起挑那个被抱怨对象的毛病。

在这个过程中，你觉得自己暂时被治愈了，具备了第二天继续忍受"折磨"的能量。但是，在这样周而复始的循环中，你的问题到底是解决了，还是加重了？

这就是同盟军带来的影响，让你觉得自己真的受尽委屈，而那个臆想中的"敌人"是真的十恶不赦。于是，在小扬的故事里，他可能越来越抗拒林琳，上下级之间的裂痕越撕越大。渐渐地，对方一个正常的举动都可能在小扬的心里掀起消极情绪的波涛。

还有些小伙伴并不找人抱怨，也没有同盟军，而是化悲愤为"酒量"、"食量"或"买买买的能量"。短期来看，这的确是平复心情的一种方式。但长期来看，这种处理方式同样不能真正解决问题。也就是说，造成情绪不好的那个"源头事件"一直都在，并不会改变。那么，你只能陷入"情绪不好—想办法宣泄疏解—回去工作—继续情绪不好—再想办法宣泄疏解"

的循环之中。

小提示

　　你可以选择通过抱怨、买醉、大吃来换得一时的平复，但你需要知道，问题不会在这个过程中得到解决，它一直都在，而且会愈演愈烈。

----

　　3. A3 版本，懂事的孩子，你们过得还好吗?

　　A3 版本中的小扬也有一定的代表性，他们冷静而克制，一直都是别人眼中"优秀""懂事""识大体"的孩子。

　　也许他们儿时也有过耍性子的时候，但各种声音告诉他们:"这不是乖孩子的表现。"他们在这样的教育下逐渐长大，也逐渐塑造了自己的标准。他们认为自己应该，也可以理性地管理好自己的情绪，为自己的目标负责。在这种标准的指引下，他们认为，冲动、任性、抱怨都是不成熟的表现，假如出现了这些情绪，他们甚至可能觉得羞耻或不可原谅。于是，他们对自己的情绪进行压抑与否定，不表达、不抱怨，也不寻求帮助，甚至不承认。他们努力把自己最好的一面展现给他人，默默掩盖内心的情绪乱流与冲突。

　　我不否认，A3 版本中的小扬，应该是职场中相当受欢迎的那类人。然而，在他们成熟懂事的背后，是不为人知的辛苦。在小扬的自我斗争中，这股自我抗拒的情绪乱流短期来看并没有任何对外的破坏作用，甚至也许用不了两个月，小扬就可以成功地克服这次冲突，达到新的平衡。但是，必须要明白，任何一种被压抑和否定的情绪，都不会消失，它只是被隐藏了起来。

> Unexpressed emotions will never die. They are buried alive and will come forth later in uglier ways.
>
> 未表达的情绪永远不会消亡。它们只是被活埋，并将在未来以更加丑陋的方式涌现。
>
> ——西蒙·弗洛伊德

未被熄灭又隐藏起来的愤怒情绪会流向何方？它可能被转化成两种情绪：自责和自我怀疑。如果人们习惯于长期用这种否定和压抑自己真实需求的方式来控制情绪，则会渐渐丧失觉察与满足自我需求的能力。甚至这些情绪会从自责和自我怀疑，再变成没有特定对象的泛化的焦虑，最终给人们带来深深的无力感。

所以，必须要澄清的是，A3 版本中小扬的做法，不能称作管理情绪，而应称作压抑情绪。管理情绪和压抑情绪，从第三者的角度看，也许是一样的，看到的都是当事人得体的行为和平静的外表，但当事人内在的感受却有着天壤之别。

小提示

假如你选择忽视、否定或压抑自己的消极情绪，你需要了解的是，你的情绪并不会消失，它们只是藏了起来，用更隐蔽的方式带给你伤害。

| 面对消极情绪的另一种选择

是不是还可以有其他选择？答案是肯定的。先来总结一下前面的 3 种处理模式与我所提倡的"另一种选择"背后的理念有什么差异。

在 A1 和 A2 版本中，小扬都认为自己的情绪是合理的、理所应当的，而别人才是造成自身情绪的原因，别人应该对他的情绪负责。

而 A3 版本中的小扬则认为自己的情绪是不合理的，他要对自己的情绪负责。

我所提倡的"另一种选择"，也就是管理自己的情绪。而管理情绪的前提是学会接纳自己的情绪，并对自己的情绪负责。

面对消极情绪的 4 种处理模式的差异如表 3.1 所示。

表 3.1　面对消极情绪的 4 种处理模式的差异

	战斗	逃避冲突后抱怨	压抑	另一种选择
我的情绪合理吗	合理	合理	不合理	合理
谁应该对我的情绪负责	别人	别人	自己	自己
情绪的作用方向	向外——对方	向外——第三方	向内——自己	逐渐消解

1. 接纳自己的情绪——每种情绪都是合理的

什么是接纳自己的情绪？要讲清楚这个概念，需要先剖析一下，什么是不接纳。不接纳情绪有三种典型的行为表现。

第 1 种，评判

认为自己不应该出现这种情绪，出现了这种情绪就说明自己"不成熟、不大度、小心眼、不够好"，甚至因为自己的情绪而感到自责与羞愧。

比如说，发现自己在嫉妒一个好朋友的时候，于是评判自己："你怎么能嫉妒你的好朋友呢？你这样想简直太不应该了。"

第 2 种，压抑

内心的情绪已经波涛暗涌，但用力克制与压抑，让自己看起来很平静。不去正视自己的情绪，也不去探究情绪的由来，只是单纯用理性压制住，让情绪不被别人发现。

A3 版本中的小扬就是在评判和压抑自己的情绪。

第 3 种，忽视

也就是不去正视或不承认自己有情绪。

比如说，在面对一个重大挑战时，内心明明很焦虑，但偏要告诉自己说："我很好，我很强大，我没问题。"

为什么人们很难接纳自己的情绪？这与教育、文化环境的影响紧密相关。在环境的影响下，人们可能形成了一些根深蒂固的观念。针对以下观念，在你同意的条目前的"□"中打"√"。

□ 成熟的人不应该发脾气。

□ 控制不了自己的情绪而发火是可耻的行为。

□ 我需要为上级的感觉负责，所以我必须表现出社会环境所鼓励的态度（服从、谦逊、按上级说的做）。

□ 我得尽量让周围的人都喜欢我，如果他们不喜欢我，那应该是我的错。

☐ 哭泣是软弱的，我必须时时刻刻都坚强。

☐ 我不能放松，不能懈怠。这是一个优秀的人应该做的。

有多少条你打"√"了？假如你打"√"的条目较多，你很可能会和 A3 版本中的小扬一样，在情绪面前急着审判自己，而不是关注和接纳它们。

讲清楚了什么是"不接纳"情绪，那么接纳情绪就很容易理解了，接纳情绪就是不评判、不压抑、不忽视自己的情绪，而且认为自己的情绪是合理的。

接纳自己的情绪，意味着接受自己是一个正常的、有血有肉的人，所以，我们当然会嫉妒、会愤怒、会懊悔。我们也许并不喜欢"嫉妒、愤怒、懊悔"这些情绪，但是，我们可以接受自己有这样的情绪，并在接受它们的状态中寻求改变的可能。

当我们不接纳自己的情绪时，情绪并不会真正消失，反而会带来更绵长、更持久的内心冲突。只有接纳情绪、正视情绪，我们才能以非对抗、非破坏性的方式来自我调整，做出改变。

接纳并不是终点，而是起点。

小提示

"接纳情绪，不否认情绪的合理性"与"每个人都应学会对自己的情绪负责"两个理念并不冲突。在学会接纳情绪后，再来思考，为什么每个人都应该对自己的情绪负责。

2. 对自己的情绪负责——让你产生情绪的是你自己

秋天到了，一片黄叶落在你的脚下，你会有什么样的情绪？

可能是欣喜，因为你最爱的季节来了；可能是落寞，因为你想起了某个秋天里的一场离别；也可能是平静，因为这只是平常的季节更替。

那么，是谁让你欣喜或落寞？是这片叶子吗？当然不是。让你产生情绪的，是你自己，是你自己的喜好，是你自己内在的念头或思绪。

假如你能认同在这个关于落叶的故事里所讲述的逻辑，那不妨再换个工作中的场景。

在办公室里，你找一位同事帮忙，而他冷脸以对，你会有什么情绪？

你可能生气，暗自想，哼，他不帮忙也就算了，凭什么对我甩脸子。

你也可能觉得委屈，哎，在这个团队里，想找人帮忙都找不到。

当然，你也可能觉得这个很平常，别人没义务帮你，他不帮忙，你还可以找其他人，总有热心的人愿意施以援手。

那么，又是谁让你生气或委屈？是那个冷脸以对的同事吗？当然也不是，让你产生这些情绪的，还是你自己。

当你在职场中感到自己遭受了不公平待遇时，当你觉得被漠视、不被尊重时，当你感到气愤、委屈时，先别责怪别人，不妨静下来想一想：

为什么有的人可以认真倾听攻击他的观点，但是你一听到就会动怒呢？

为什么有的人面对误解时可以坦然面对，而你会觉得分外委屈呢？

为什么有的人在混乱局面下可以搞定整个场面，而你会觉得紧张、焦虑，觉得所有人都在给你添乱呢？

你最终会发现，如果你不愿意，其他人并不能带给你某种特定的情绪，是你让自己感到害怕、烦恼、气愤或恐惧。让你产生情绪的只能而且永远是你自己。

只有认同并接受这个理念，才能够真正学会和情绪相处。否则，你就只能将自己维持情绪平和、内心喜悦的希望寄托于别人和运气，如周围的人都友好地对待你，你永远不会遇到坏人，而我们都知道，这是不可能的。

在4【调节情绪】中，会讲一个关于小扬故事的B版本，并围绕这个故事一起来探讨，你该如何对自己的情绪负责。

3. 管理情绪，从自我觉察开始

假如你现在已经可以接受并认同以下两个理念：

第一，接纳自己的情绪。

第二，每个人都应该对自己的情绪负责。

现在，可以来探讨"管理情绪"的第1步：觉察情绪，学会做自己的观察者。

什么是觉察情绪呢？简单地说，就是在情绪产生的同时：

- 意识到自己正处在情绪里。
- 意识到这种情绪是什么。
- 意识到自己为什么会产生这种情绪。

这种感觉，就像一个第三者对自己进行观察，问问自己：
"我怎么了？我是不是很生气（难过、悲伤）？我为什么生气
（难过、悲伤）？"

在这个状态下，我们成为自己情绪的观察者，如图 3.1 所示。

图 3.1　做自己的观察者

正如正念减压疗法（MBSR）的提出者乔恩·卡巴金所说：
"觉察意味着以一种特定的方式保持注意——关注目标，在当
前的时刻，不带任何评价。"

为什么觉察是情绪管理的第一步？在小扬 A1 版本的故事

中，他因为上级的挑剔产生了愤怒情绪，情绪又直接激发了行动，这中间没有任何理性的参与。这种情况又被称为"自动驾驶"，也就是说，情绪坐在了驾驶座上，直接驱动我们。

而觉察就像在刺激和反应之间装了一个舒缓阀（见图 3.2），当我们觉察到自己正处于一种特别愤怒、特别恐惧、特别焦虑的状态之中时，我们至少可以提醒自己，先停下来，别在这种情绪的驱动下做出冲动的选择。这就是觉察的意义。

图 3.2　觉察是舒缓阀

你可能会问："我知道觉察很重要，但就是做不到，怎么办呢？"我特别理解这种想法。因为在很长一段时间内，我也处于这样的状态：知道觉察很重要，但每次情绪来了时还是该怎样就怎样，情绪过去了又觉得后悔。

当这种模式重复发生后，我终于意识到，我需要刻意练习"情绪觉察"这种能力。以下就是练习的步骤。

第 1 步　命名

情绪到底分为多少类？在不同的学术著作和不同的流派中，提出了不同的分类方法。

人们常说人有"七情六欲"，其中的"七情"就是中国古代对情绪的分类，这七情分别是指喜、怒、忧、思、悲、恐、惊 7 种情绪。

美国著名心理学家保罗·埃克曼博士在研究中提出，人类有 6 种基本情绪：快乐、悲伤、恐惧、愤怒、惊讶和厌恶。而在 6 种基本情绪的基础上，人们又会有一些复合情绪，如嫉妒、烦躁、羞耻等。

情绪觉察的第 1 步，是学会给自己的情绪命名，即使在巨大的情绪波动中，也能够知道自己现在正在体验的情绪是什么。特别要提示的是，尽量让自己对情绪觉察的颗粒度变得更小。例如，当你觉得不太好受时，不要笼统地命名为"难过"，而是试着说出，这种"难过"究竟是哪些情绪的混合。

以下是一些情绪标签，基本可以覆盖生活中的常见情绪。

> 平静、快乐、兴奋、愉悦、自豪、激动、期待、好奇、焦虑、担忧、烦躁、苦闷、抑郁、愤怒、愧疚、悔恨、羞耻、嫉妒、羡慕、失落、悲伤、委屈、紧张、担心、憎恨、恐惧、惊讶

第 2 步　定级

同样是快乐的情绪，愉悦和兴奋又是不一样的。当你试着觉察情绪时，在命名的基础上，要能意识到自己情绪的强度。

第 3 步　尝试了解情绪的源头，为情绪建立意义

"哪件事引发了我的情绪？"

"这件事为什么会引发我的情绪？"

对第 2 个问题的回答，实际上是在对你情绪背后的信念与想法进行探索，这对于情绪管理有着重要的意义。

假如小扬按照以上步骤对自己的情绪进行了觉察练习，练习的情况具体如下。

第1步　命名

当林琳在小扬身后一页一页地提出修改意见时，小扬内心已近崩溃。他此刻的情绪是"烦躁""苦闷"。

第2步　定级

如果按1~5分来标示，1分为有一点，5分为极度。小扬觉得此刻的烦躁强度为4分，苦闷强度为3分。

第3步　尝试了解情绪的源头，为情绪建立意义

哪件事引发了情绪？

林琳的指指点点直接引发了该情绪，而一直以来对林琳管理风格的不适应才是情绪的真正诱因。

这件事为什么会引发情绪？

小扬觉得，一个好的领导不应该是林琳这个样子的。他的苦闷在于不认同上级的领导方式，但短期之内又无法改变。

练习1　关于情绪的自我觉察

对自我情绪的觉察，不仅是人们有效管理情绪的基础，更是人们理解他人感受、培养与发展自己同理心的基础。可以按照以下3个步骤进行练习，逐步提升对自己情绪的觉察能力。

请回忆最近一次最强烈的情绪体验。

第 1 步　命名

我的情绪是：

第 2 步　定级

这个情绪的强度是：

第 3 步　尝试了解情绪的源头，为情绪建立意义

引发情绪的事情是：

这件事为什么会引发情绪：

4 【调节情绪】
锻炼快乐的肌肉

▶ 小扬故事的 B 版本

还记得在 3【情绪觉察与接纳】中关于小扬的故事吗？你可以返回去再读一遍，然后接着来看另一个完全不同的结局。

当林琳坐在小扬旁边指指点点 10 分钟以后，小扬的内心是烦躁的。他提醒自己，先做完手头的工作再说。于是，小扬先改完了方案。

晚上回到家，小扬对白天的事情还是觉得不舒服，最近和林琳的互动一直不是很顺畅，到底是哪儿出了问题呢？他准备找个信任的人来请教一下。

周末踢球时，小扬又遇到了他的上一任上级兼校友大鹏。踢完球，小扬主动找到大鹏说："大鹏，晚上一起吃饭吧？"大鹏答应了。

在饭桌上刚坐下，大鹏就问："最近怎么样啊？跟林琳配合得还行吗？"

小扬叹口气说："哎，一言难尽。"

大鹏没再往下追问，而是给小扬讲了当年和林琳不打不成交的故事。原来，大鹏和林琳当年在一个部门工作过，也经常在项目上作为搭档共同工作。一开始，两人的合作并不太顺畅，大鹏做事风风火火，效率高，但不太关注细节，林琳认真严谨，但有时又在一些细节问题上花了太多时间。大鹏总是着急，心里埋怨林琳太磨叽，耽误事，两个人还在会议上发生过几次小争执。他们的直接上级看出了他们的问题，开始帮助两个人提升合作的效率，一是根据两个人的能力特点和性格特点来进行分工；二是引导两个人关注对方的优点，注意自己的问题。一段时间下来，两个人慢慢找到了节奏，成了部门里的黄金搭档。

听完这段故事，小扬若有所思，对大鹏说："我大概理解你想表达的意思了，就是让我多看林琳的优点，对吧？想想也是，林琳的专业能力我其实是非常佩服的，有好几次她一下子就能指出我报告里的关键问题，对我挺有启发的。可是，她有时又这么抠细节，我是真心有点受不了。"

大鹏说："我想表达的意思，你领悟到了一半，其实还有另一半意思。你来想想，咱们部门的同事里，你和谁合作比较顺畅？"

小扬想了想说："都还可以吧，虽然每个人工作风格和能力特点都不一样，但大家都很认真负责，遇到问题也都能一起找办法解决。"

大鹏说："对，所以说，好搭档其实并不一定都是一个模子刻出来的，我觉得你特别棒的一点，就是在跟不同的工作搭档沟通时都能找到最适合他们的方式。我刚毕业时，跟你比还差点。那你觉得，好上级应该都是一样的吗？"

小扬恍然大悟："嗯，这就是我苦恼的根源所在了！我从一毕业就跟着你，脑子里总认为好上级就应该是你这个样子的，所以碰到林琳，就总觉得哪儿都别扭。"

大鹏哈哈一笑："行了，就别夸我了。"

小扬说："我是真心的。不过我明白你要说的意思了，上级和上级是不一样的，我不能用自己固定的标准要求他们。"

大鹏点点头："对，不过好的中层管理者总有一些共同的特点，比如在专业上能给下属指导，关注下属的成长，能够为整个团队的绩效负责，你想想看，林琳有这些特点吗？"

小扬想了想，回答说："有，你说的这些林琳都符合，她也挺关心我的个人成长的，上周还推荐我去参加公司人力资源部组织的一个培养项目。"

大鹏说："对，在这个基础上，不同的管理者也会有不同的沟通风格，如果你在短时间内不太适应某些沟通方式，这时，你可以思考两个问题。第一，有没有绝对完美的上级？第二，到底是你需要适应不同风格的上级，还是上级要适应你？"

小扬说："嗯，先说第一个问题，肯定没有完美的上级，但上级总有好和不好之分，这么想想，林琳不算典型的好上级，但也不算差。"

大鹏笑了，然后说："那第二个问题呢？"

小扬说："那肯定是下级应该适应上级，谁让他们是上级呢！"

大鹏摇了摇头，说："这个倒不是，我觉得上级和下级都有义务和责任适应对方，管理者应该根据不同下级的特点来调整自己的管理风格和沟通方式，同样，下级也要学习适应不同上级的风格。毕竟，你的职业生涯很长，不可能总是碰上一个类型的上级。但是，你没办法要求上级一定要适应自己，最好的选择，是从自己做起，学着找到和上级沟通的最佳方式，你觉得呢？"

听完这段话，小扬的心里豁亮起来。回想过去两个月和林琳沟通的经历，自己的思维模式是："作为上级，你怎么能这样管下级？"他一直在内心评判和要求林琳，但从没反思过自己的行为，也没想过，需要调整的人其实也有自己。而现在，他突然跳出了原来的思维模式，对很多问题的看法也截然不同了。

之后的故事，其实就不用再多讲了，在大鹏的引导下，小扬摆脱了自己原来固化的想法，和林琳的磨合也越来越顺畅。当彼此的信任感建立以后，小扬也尝试着告诉林琳，什么样的沟通方式会让他更有干劲，林琳表示很愿意接受和改进，这让小扬受到了很大的鼓舞。

▶ 故事的背后

当小扬不再用直接怼、抱怨、压抑的方式来应对消极情绪时，他转而向自己信任的人求助，并因此获得了观念上的突破。

你觉得他的关键突破点在哪里？在剖析这个过程之前，先了解下著名的心理学家阿尔伯特·埃利斯的情绪 ABC 理论。

情绪 ABC 理论

阿尔伯特·埃利斯是美国最伟大的心理学家之一，他的情绪 ABC 理论及在此基础上创立的理性情绪疗法对于应用心理学领域有着深远的影响。

以下是情绪 ABC 理论的简要介绍。

A（Activating event）：激发事件，可以理解成生活中出现的任何一个客观事件。

B（Belief）：信念与想法，即人们对 A 进行的解释、认知与评价。

C（Consequence）：结果，可以理解为产生的情绪及情绪带来的结果。

情绪 ABC 理论（见图 4.1）认为，情绪并不是直接由客观事件引起的，而是由人们对这个事件的信念与想法引起的。同一个事件，因为当事人不同的认知、评价和解读，也会产生不同的情绪，从而引发不同的结果。

| A | B | C |
| 激发事件 | 信念与想法 | 结果 |

图 4.1　情绪 ABC 理论

设想一下，你在工作中常常帮助一位同事，可是，有一天，你向他求助，却遭到了拒绝，你会有什么样的情绪？一起来看看，在这个情境中可能出现的不同信念与情绪（见表 4.1）。

表 4.1　使用情绪 ABC 理论分析事件的示例

激发事件 （A：Activating event）	信念与想法 （B：Belief）	结果 （C：Consequence）
向同事求助，遭到了拒绝	他对我有意见，也许我得罪他了	郁闷
	他没有团队精神	愤怒
	很正常，他自己也有工作要忙	平静
	他是不是遇到了什么麻烦事	好奇

回顾不同版本的小扬的故事，同样可以用情绪 ABC 理论来解读（见表 4.2）。

表 4.2　用情绪 ABC 理论解读不同版本的小扬的故事

激发事件 （A：Activating event）	信念与想法 （B：Belief）	结果 （C：Consequence）
遇到林琳，对她的管理风格不适应。这一天她又在身后指指点点……	好上级应该像大鹏一样，而林琳不像大鹏，她不是好上级。她怎么能用这样的方式来对待下级，太不应该了	愤怒、烦躁
	好上级应该像大鹏一样，林琳不像大鹏，她不是好上级。可是我短期之内不能离职，我必须委屈自己和一个不好的上级相处	烦躁、委屈、憋屈

续表

激发事件 （A：Activating event）	信念与想法 （B：Belief）	结果 （C：Consequence）
遇到林琳，对她的管理风格不适应。这一天她又在身后指指点点……	好上级应该像大鹏一样，林琳不像大鹏，她不是好上级，可是她是上级，我必须适应她。 我不应该愤怒，这种情况下愤怒是不成熟的表现	压抑自己的愤怒情绪，内心承受冲突
	林琳和大鹏的管理风格不一样，的确有些地方不如大鹏，但好上级并不一定都是大鹏那样的。 我应该尝试适应林琳的风格，适应不同风格的上级也是职场人必备的技能。 假如我不能适应，也许我可以尝试向林琳表达我的想法，看能不能改善我们之间的相处方式	化解消极情绪，自己做出调整和改变

职场中的非理性信念

触发人们消极情绪的，并不仅是人们遭遇了什么事件（A），而是人们所秉持的非理性信念（Irrational Belief，IB）。

当你遭遇别人不礼貌、不合理、不公平的待遇时，对方是对还是错是一回事，而你是暴跳如雷还是平静以待，则是另一回事。你可以选择生气，但一定要记得，这个情绪背后的原因包括你的信念，而不完全是对方的行为。所以，要学习对自己的情绪负责，可以从剖析及转换自己的非理性信念开始。

常见的非理性信念有 3 种不同类型：绝对化要求、过分概括、过分夸大糟糕的结果。

1. 绝对化要求

人们可能从自己的意愿出发，认为有些事必须发生，或者必须不发生。这些要求有可能是针对其他人的，如男朋友必须无条件地对我好；也有可能是针对自己的，如我必须让周围的人都喜欢我。

无论是对他人还是对自己，绝对化要求都是一种苛求，当人们秉持着"某些事情必须发生或不发生"的信念时，一旦现实情况和预期不符合，消极情绪就会出现。

以下为一些在职场中可能出现的"绝对化要求"，你可以对照自检一下，看自己是否有这些想法。

对别人的要求

非理性信念：老板必须公平对待每个人。

其实：绝对公平几乎不可能实现，老板应该努力做到公平对待所有下属，但有时无法照顾到每个人的感受，也是可以被理解的。

非理性信念：我提出要求时，同事应该积极地响应我。

其实：每个人都有自己的职责，从他的角度判断，这件事可能没有我所认为的那么重要，所以，不积极响应也是正常现象。

非理性信念：我这么努力，别人应该认可我。

其实：大家都很努力，别人认可我是因为我能创造价值，而不是因为我努力。

对自己的要求

非理性信念：我必须成功，不能失败。

其实：谁都有可能失败，要求自己用心和努力，但也需要能承受失败。

非理性信念：这次职级评审我一定要过。

其实：每次职级评审的通过率都不是100%，我如果不能通过也是正常的，下次可以再来。

非理性信念：我是个成熟理性的人，我不能有消极情绪。

其实：每个人都有消极情绪，不评判和压抑自己的情绪才是化解情绪的开始。

2. 过分概括

人们有可能以偏概全，把"有时"会发生的事概括为"总是"发生的事，把一个特殊的事件概括成一个普遍的事件，从而给自己带来困扰。例如，不小心扭了脚，于是想，为什么我总是这么倒霉，越想越郁闷。男朋友约会迟到了，于是想，他一点都不重视我，所以才迟到，然后整顿饭吃得都意兴阑珊。

在职场中，过分概括的非理性信念可能表现如下。

非理性信念：老板说话太不留情面了，好老板应该照顾下属的情绪，我老板不好。

其实：说话直接和说话委婉不是老板"好"或"不好"的唯一判断标准，另外，也许有的人会喜欢说话直接的老板，只是我不喜欢而已。

非理性信念：我这件事没做好，我太没用了。

其实：一件事没做好，不能说明我是没价值的，我对自己的能力有信心，下次再想想怎么改进。

3. 过分夸大糟糕的结果

人们可能从一件糟糕的事情开始延伸，设想因此而引起的更糟糕的结果，过分地夸大负面结果。例如，我考不上大学，一切就全完了，我这辈子不会有什么前途了。

在职场中，过分夸大糟糕的结果的非理性信念可能表现如下。

非理性信念：这件事是这个项目中最关键的一环，结果出岔子了，这个项目全完了。

其实：的确很重要，但还可以想想怎么补救，也许最后不能达到百分之百满意的效果，但可以尽力获得一个及格分。

非理性信念：这件事做砸了，老板肯定对我特别不满意，完了，估计我在这个公司没啥发展了。

其实：老板不会以一件事论英雄，这件事已经做砸了，再后悔也没有用了，还不如总结一下经验教训，避免下次再犯同样的错误。

小提示

非理性信念隐藏于意识深处，甚至是无意识的，需要你主动去发现。

当情绪到来时，我们常常意识不到情绪背后隐藏着一个荒谬的、非理性的信念。所以，我们需要给自己一点空间来自我觉察。形象地说，就是把情绪背后的信念给揪出来、写下来、盯着它看。看着看着，你可能就会意识到它的不合理之处。

升级信念，调节情绪

基于情绪 ABC 理论，阿尔伯特·埃利斯发展出了调节情绪的练习工具。我在他的基础上结合职场情境做了微调，简述如下。

第1步　觉察与接纳

及时觉察自己的情绪，为自己的情绪命名、定级，并思考自己的情绪源自哪个事件（A）。

认可自己情绪的合理性，而不是否定。

第2步　寻找情绪背后的信念（B）

思考自己情绪背后有着怎样的想法或信念，以及自己是如何认知和评价这个事件的。答案可能不止一条，都列出来，甚至可以写下来。

想一想，这些信念是否具有非理性信念的特征：绝对化要求、过分概括、过分夸大糟糕的结果。有些信念甚至可能符合其中两个特征。

第3步　反驳自己的B

想要彻底反驳自己的非理性信念，可以尝试从不同的角度，使用不同的方法。埃利斯在他的理论中提出了3种方法，分别是现实性反驳、逻辑性反驳和实用性反驳。

以下依然以小扬的故事来做例子。

激发事件（A）：小扬遇到林琳，对她的管理风格不适应。

信念（B）：好上级应该像大鹏一样，林琳不像大鹏，她不是好上级。

发现了吗？小扬的想法就体现了"绝对化要求"和"过分概括"的特点。绝对化要求体现在他用大鹏作为标准，要求上级都应该体现出和大鹏一样的管理风格，而"过分概括"体现在忽视了林琳的其他优点，因为林琳的某些特点就否定了她。

当人们作为旁观者时，就可以客观地发现小扬观念中的不合理之处，但假如你是小扬，在那个当下，很难一下子跳出自己的框架，这时，可以试着开始从 3 个角度进行反驳。

● 现实性反驳

从"客观现实"的角度来进行反驳，探讨这些观念在现实的生活或职场环境中是否真的成立。可以问自己："支持我这种非理性信念的证据是什么？它与社会现实相符吗？"

反驳：为什么说林琳不是好上级？证据是什么？与社会现实相符合吗？

回答：证据是"她在我背后指指点点让我修改文案"，她的这个做法的确让我当时觉得不太舒服。但的确很难有上级能做到事事让下级满意，这个行为也不能说明她不是好上级。

● 逻辑性反驳

从逻辑的角度对自己的观念进行反驳。可以问自己："我的信念符合逻辑吗？"

反驳：为什么说林琳不是好上级？从这样一个行为就能下这样的判断吗？这符合逻辑吗？

回答：从逻辑角度来说，从一两个林琳的特点出发，就得出这样的结论是不合理的。我需要综合她其他方面的表现来进行综合判断。

● 实用性反驳

从实用的、功利的角度出发，思考自己在这种理念的影响下，会有什么后果。可以问自己："持有这种信念的做法会把我带向何处？这对我有利还是有害？"

反驳：我觉得林琳不是好上级，如果一直这么想，会发生什么呢？

回答：目前并不是离开公司的好时机，而我又觉得林琳不是好上级，勉强自己还待在这个部门的这个职位，只能让自己越来越难受，甚至逐渐失去对工作的热情。既然这样，要么就离开，如果不能离开，那就需要调整自己对林琳的看法，或者尝试沟通，看是否能改善我们之间的沟通模式。

第4步　学会向合适的人求助

自我反驳有可能依然让自己陷入迷茫和纠结，那一定要学会及时向其他人求助，而不是自己反复"咀嚼"自己的消极情绪。

B版本故事中的小扬及时向大鹏进行了求助，而你，也要试着找到自己的职场贵人，在必要时，向他求助。

小提示

求助并不是抱怨。

抱怨者认为引起自己情绪的人是那个做错事情的人："他这样对待我，导致我有了现在的情绪，他应该对我的情绪负责，我通过抱怨，期望获得第三者的认同。"

求助者认为，别人可能做错了事情，但这并不是引发情绪的唯一原因，而是这件事情与自己的认知共同引发了自己的情绪。我向第三者求助，期望第三者能够指出我理念上的误区，从而解决问题。

第 5 步　建立有建设性的新信念

无论是自我辩论，还是求助于他人，最终的目的是形成新的、有建设性的信念，当这个信念出现时，你不仅可以摆脱消极情绪，还会激发出更有建设性的行动。

小扬在大鹏的帮助下有了更深刻的认知，他意识到"每个上级都有自己的风格，不能用大鹏的风格来绝对化地要求和评判每个上级""不仅上级需要适应下级，下级也需要调整自己的沟通方式来适应上级"。这些都是有建设性的新信念，在这些信念的帮助下，他有了建设性的行为，并最终达到了目标。

锻炼快乐的肌肉

使用情绪 ABC 理论来进行情绪调节，我把这个过程比喻为"锻炼肌肉"，有以下两个原因。

第一，肌肉不是一朝一夕形成的，而是需要在一定步骤和方法的指导下进行持久的训练，而情绪管理也是一样。偶尔用一次情绪 ABC 理论，未必能完全解决当下的问题，而在长期练习之下，你才更能体会到它的作用。

第二，肌肉是有力量的，而思维和信念同样有力量。如果你习惯性地使用情绪 ABC 理论的这些步骤来探究情绪背后的信念，你会逐渐建立属于自己的合理观念，再遇到之前让你有情绪波动的事情时，你会坦然应对，一笑置之。

如何锻炼？建议你每周完成一次表 4.3 的填写。表 4.3 引自阿尔伯特·埃利斯的书《无条件接纳自己》，它将带领你完成前面介绍的几个步骤。

现在，请翻开练习部分，获得更多锻炼快乐肌肉的指引。

练习2　　　　情绪管理自助表

试着回想最近一次遇到的消极情绪，这个情绪可能是焦虑、愤怒、羞愧、嫉妒、伤心、内疚……完成表4.3。

表4.3　情绪管理自助表①

A（诱发性事件）	
简单总结一下令人感到不安的局面，带着观察者的视角描述	
IB（非理性信念）	D（反驳非理性信念）
为确定非理性信念，请寻找 ● 绝对化要求 ● 过分概括 ● 过分夸大糟糕的结果	反驳时，请问问自己 ● 支持我这种非理性信念的做法会把我带向何处？有利还是有害 ● 我的信念符合逻辑吗 ● 支持我这种非理性信念的证据是什么？与社会现实相符吗 ● 情况真的糟糕到极致了吗
C（后果）	
主要的、不健康的消极情绪： 主要的非建设性的行为：（指责他人、抱怨、压抑等）	
E（有效的新理念）	E（有效的情绪和建设性行为）

---

① 阿尔伯特·埃利斯.无条件接纳自己 [M].刘清山，译.北京：机械工业出版社，2017.引用时有调整和删减。

5 【拥抱情绪】
消极情绪也可以有正能量

▶ A 版本的故事

罗毅最近的心情真的是糟透了。事情还得从两个月前说起。

罗毅是一家广告公司的客户经理，这家公司的主营业务是户外媒介投放，而他的职责是为大客户提供全流程的服务，包括需求确认、方案提报、合同签署、设计交付、投放跟进和应收账款回收等。

两个月前，罗毅的上级，也就是客户总监吴总，拿下了一个投放预算很高的重点客户。吴总把这个客户分配给了罗毅来跟进，罗毅信心满满地跟吴总拍了胸脯："您放心，肯定把这个客户跟好。"

然而，罗毅没想到，第一次投放就出了岔子。

当时，客户这边的户外灯箱广告投放排期马上就要到了，但设计稿迟迟定不下来。罗毅一直在催客户方的对接人李菲："印刷制作需要5天的周期，再不定稿就来不及了。"终于，在截止日期的下午，李菲通知罗毅，设计稿定了。

根据合作流程，所有的设计稿交付印刷制作之前，需要把打样稿交给客户方，由客户方的总监签字确认后才可以开始制作。罗毅拿到设计稿后马上让印厂打了样，然后带到客户公司确认。不巧的是，客户方的总监家里有急事，要第二天才能从外地赶回来。李菲也挺着急，她跟罗毅说："我跟总监电话确认过了，他说没问题，但字需要明天才能签，可明天再下印厂就来不及了，先下吧。"罗毅觉得不太放心，说："那万一总监回来看到打样觉得有问题怎么办？"李菲说："这样吧，我给你发个确认邮件，咱们还要以保障进度为主，别太拘泥于流程，如果耽误了投放，这责任咱们也承担不起啊。"

罗毅觉得李菲说的有道理，流程是流程，但关键时刻也得有灵活性。于是，他电话请示了上级吴总，吴总也口头同意了，他就通知印厂进入制作流程了。

万万没想到，客户方的总监从外地回来看到打样以后，真的看出了问题。总监说产品的照片有偏色，必须调整后再重新制作。可是，印刷厂那边早就已经上生产线了，重新制作产生的成本，到底谁来承担？

事情进入了扯皮阶段。罗毅拿出李菲的确认邮件，但客户方说，必须有总监签字确认，李菲的邮件不具备效力。罗毅百口莫辩。

最后，吴总出马摆平了客户，损失由甲乙双方共同承担，也协商好了后续的解决方案。然而，该追的责还是要追。在吴总的办公室里，他拍了拍罗毅的肩膀，说："说心里话，我知道这事不能完全怪你，我也有责任，我会承担我的责任，但你也得接受一定的惩罚，不然这事对上面也没办法交代。"于是，罗毅当季的奖金自然是泡汤了，这家重点客户也从他的手里交到了其他同事的手中。

走出吴总的办公室，罗毅觉得无比憋屈，他觉得自己没有错，可是凭什么要接受这样的处罚？自己尽职尽责，也是为了客户着想，还电话跟吴总沟通过，可最后却要面对这样的结果。这不公平！这口气到底要怎样才能咽得下去？

⊙ 故事的背后

罗毅有错吗？坦白说，在这个故事里，罗毅并不应该承担主要的责任，但他的确成了甲乙双方博弈的牺牲品，也就是人们常常说的"背锅侠"。

在工作中和生活中，人们有时会遭遇一些在所有人看来都是值得同情的事情，被人误解、被迫去背不属于自己的"锅"、去填不是自己挖的"坑"……在这些时候，难过、委屈和伤心是人之常情。这些情绪背后的信念也是"非理性信念"吗？情绪 ABC 理论的方法在这些时候还有效吗？

为了回答上述问题，需要思考两个问题：

- 情绪管理的目的是消灭所有消极情绪吗？
- 消极情绪一定都是"不好"的情绪吗？

情绪管理的目的是消灭所有消极情绪吗？

当然不是。为了进一步理解这个问题，先来讨论一下"积极情绪"和"消极情绪"这两个概念。

积极情绪和消极情绪分别是什么？完全可以按照字面意思

来理解，积极情绪包含了高兴、愉快、兴奋、激动、喜悦等情绪，这通常是人们想要的情绪。在大多数情况下，积极情绪也会给人们当下要从事的工作带来积极的、正面的影响。消极情绪包含了悲伤、抑郁、愤怒、焦虑、紧张、恐惧等情绪，这些情绪可能对人们当下要完成的任务产生消极的、负面的影响，通常也是人们希望摆脱的情绪。

可是，积极情绪只会起到积极的作用吗？

当然不是，"范进中举"的故事就是典型的乐极生悲。所以，积极情绪让人进取和探索，帮助人们扩展视野、改善行为，但过分的积极情绪也可能让人们忘乎所以，适得其反。

同样，消极情绪也不是只会起到消极的作用。

恐惧能让人集中注意力，处于防守状态，从而避免遭遇危险；厌恶是人们趋利避害的本能，它能帮助人们避开生病的人、污染的水、体液和其他一切能够引起人们"反感"的东西，从而对人们起到保护作用；愤怒，在关键时刻能够激发自尊自强，带来大的能量。

所以，消极情绪不一定都是"不好"的情绪。而情绪管理的最终目的，从来都不是消灭消极情绪，而是要把消极情绪控制在相对合理的范围内，尽可能减少它们带来的破坏作用。

小提示

高情商人士也并不是没有消极情绪。他们只是更擅长与消极情绪相处，接纳它们、拥抱它们，进而去应用消极情绪产生的积极价值。

面对消极情绪的自我选择

消极情绪本身也可以有"破坏性"和"建设性"两种不同的作用。情绪 ABC 理论并没有办法帮助人们完全消除消极情绪，但可以帮助人们在破坏性的消极情绪与建设性的消极情绪之间做出选择。

想象一下，当一件对你不公平的事情真正发生时，你会如何在以下两种情绪中做出选择（见图 5.1）？

选择 1：委屈和悲伤（"我希望这件事没发生过，我不喜欢它，但我可以试着接受，慢慢走出伤害的阴影。"）

选择 2：愤怒和郁闷（"你们怎么能这样对待我？你们是坏人！你们对我做了坏事！"）

你要选择哪个？哪个 9 选择会让你更加拥有前进的能量？

无疑是前者。

图 5.1　两种不同的选择

随着深入地了解和应用情绪 ABC 理论，就会渐渐发现，在进行自我探索与信念调整的过程中，你会获得更多人生智慧。这个理论与中国传统的佛教智慧也有相通之处。佛教中谈"因缘和合"和"放下执念"，也是在告诉人们，世事无常，接受那些不可改变的事情，学着放下执念，才能有更平和的心境和更开放的心态。

情绪 ABC 理论的创始人埃利斯也曾经在一次专访中说："我认为中国文化有些地方和理性情绪疗法是相似的，因为佛教的一个核心观点就是承认这个世界和生活中一直都有痛苦存在，人们没必要喜欢这些痛苦，但可以建设性地接受它，从而不让自己那么烦恼，能够更好地处理问题。"[1]

▍让消极情绪激发正面的能量

美国神学家尼布尔写过一篇堪称 20 世纪最著名的祷告文之一，其中有这样几句："上帝，请赐予我平静，去接受我无法改变的。给予我勇气，去改变我能改变的。赐我智慧，分辨这两者的区别。"

细细读来，这句话的前半句"赐予我平静，去接受我无法改变的"，和佛教思想中的"因缘和合""放下执念"有着异曲同工之处，而后半句"给予我勇气，去改变我能改变的"却给了人们新的启发。面对消极情绪，当人们做出"理解和接受"这个选择时，并不表示人们漠然地接受了生活或命运的安排，

---

[1] 阿尔伯特·埃利斯.无条件接纳自己 [M].刘清山，译.北京：机械工业出版社，2017.

人们依然可以被激发出积极行为和正面能量。当然，作为非基督徒，真正能赐予你平静和勇气的，不是上帝，而是你自己。

当人们遭遇不公平待遇时，可以做出两种不同的选择，而在不同的选择背后，也会有不同的思考与行动。

选择 1：委屈和悲伤

"我希望这件事没发生过，我不喜欢它，但我可以试着接受，慢慢走出伤害的阴影。"

同时，这种悲伤也在提醒你，你可以做点什么来更好地保护自己？下次再遇到类似情况时，你怎样才可以最大限度地避免伤害？这就是悲伤所激发的积极思考与行动。

选择 2：愤怒和郁闷

"你怎么能这样对待我？你们是坏人！你们对我做了坏事！"

在这种情绪之下，你怨天尤人，消极逃避，在情绪泥沼中越陷越深。

再来看一个职场中的案例。假如你的同事在上级面前打了你的小报告，而上级在未经调查的情况下选择听信同事提供的信息，然后批评了你，但其实这件事情另有隐情。你的确被冤枉了，你会怎么做？

表 5.1 为运用情绪 ABC 理论进行事件分析时出现的两种不同的 B 和 C。

表 5.1　运用情绪 ABC 理论进行事件分析时出现的两种不同的 B 和 C

激发事件 （A：Activating event）	信念 （B：Belief）	结果 （C：Consequence）
被同事背后打小报告，上级相信同事说的话，责备了我	上级应该公平地对待每一个同事，凭什么随意就下结论，这样做太过分了	破坏性的情绪：愤怒
	上级的做法的确伤害到了我，但是他也有他的立场； 没有人能真正做到百分之百的公平	建设性的情绪：委屈、伤心、警醒

当你选择单纯的愤怒时，你会被激发出破坏性的行为，去和同事争吵，或者暗地里搞破坏，或者愤而辞职。

而当你选择委屈和伤心时，你会冷静下来思考，要怎样和老板解释，让他改变对你的看法。而当你警醒时，你会提醒自己，未来要怎样做才能避免同样的事情发生。这些行动都是消极情绪带给你的正面价值。

再来看看其他消极情绪有什么价值。

焦虑是在提醒你担心某个不理想的结果发生，这会驱动你多做些努力、多一点准备。

紧张能提醒你打起精神，去谨慎认真地面对当前的任务，调动各种可以利用的资源。

懊悔能提醒你下一次尽量避免出现同样的错误，这是修正自己的开始。

总之，消极情绪并不是洪水猛兽，情绪管理的目的也并不是要消除所有的消极情绪。体会消极情绪带给人们的启示与信号，拥抱与接纳已经不可改变的过去，面对未来做出个人的积极选择，才是人们面对消极情绪的正确姿势。正如正念减压疗法的创始人乔恩·卡巴金所说："你无法遏制波涛，但你可以学会冲浪。"

> 我至今依然害怕跌倒，依然觉得跌倒很痛苦。但我会思考这种痛苦，并明白我将克服这些挫折，而且我学到的东西将主要用来面对挫折的反思。我已经基本上走出了为犯错而痛苦的阶段，而是享受从犯错中学习的愉悦。
>
> ——《原则》，瑞·达利欧

以下再来看看，罗毅的故事会不会有不同的走向。

▶ B 版本的故事

罗毅是一家广告公司的客户经理，两个月前，他接手了一个重点客户，他没想到的是，这个重点客户的第一次投放就出了岔子。

当时，客户这边的户外灯箱广告投放排期马上就要到了，为了赶制作周期，罗毅在没有拿到客户方的总监签字的情况下，就通知印厂开始印刷。结果客户方的总监在看到打样后又挑出了问题，导致所有制作物需要重新制作。虽然有一封对方的确认邮件，也有自己直接上级的口头同意，但流程规定必须有客户方总监签字才具备确认效力。所以，罗毅还是要承担相应的责任。

在办公室里，上级吴总拍了拍罗毅的肩膀，说："我知道这件事不能完全怪你，我也有责任，我会承担我的责任，但你也得接受一定的惩罚，不然这事对上面也没办法交代。"于是，罗毅当季的奖金自然是泡汤了，这家重点客户也从他的手里交到了其他同事的手中。

罗毅很郁闷，他觉得自己是站在客户的角度，替他们的利益考虑，才会做出这样的选择，一番好心，却反而要承担这样的责罚。但自己的做法的确也突破了流程，重新印刷带来的成本损失也是真的，也不能说自己是完全被冤枉的。他暗自反思：谁还没有背过不属于自己的"锅"呢？事已至此，再郁闷也没有用。付出的代价就当是买个教训，还好只是损失一部分奖金，关键是要学会以后遇到这一类问题时，到底怎么处理才是最合适的办法。罗毅在心里默默地规划接下来要做的事情。

第一，明天再去约一下吴总，向他请教，再遇到同类的事情，他建议的处理方法是什么。

第二，失去了一个重点客户，下周得赶紧盘点一下待开发的客户资源，看看有哪些潜力客户，下个季度要想办法把这块销售额追回来。

想明白了这些事，罗毅觉得心里踏实多了。

练习3　　寻找消极情绪的建设性意义

回想你上一次在工作场合体验到的消极情绪，并回答以下问题。

（1）请参照 3【情绪觉察与接纳】部分中情绪觉察的内容，来给自己的情绪命名、定级，并建立意义。

（2）这个情绪导致了什么行为？是破坏性的还是建设性的？

（3）假如当时的情绪激发了破坏性的行为，你现在可以尝试用情绪 ABC 理论做一下转换吗？是否可以转换为有建设性意义的消极情绪？请写下来。

（4）这种有建设性的消极情绪会激发出你怎样的行动？

6 【情绪急救】
哎哟，我这暴脾气

➤ A 版本的故事

方克是个耿直的小伙子，工作一年多，在市场部负责平面设计。

这一天恰好是公司一个重要产品的市场发布会，整个部门的人几乎都去了活动现场，只有他留守公司。

午饭时，方克突然接到了晓希的电话。晓希是市场部的活动执行专员，和他也是午饭搭子。晓希火急火燎地打电话过来，是想要他帮个忙。

晓希是这么说的："有一个重要的合同，我们内部审批流程刚刚走完，对方也已经盖好章快递过来了，对方要求今天必须盖好章再快递给他们，他们只有见到合同才会将物料发货。方克，拜托了，帮我去楼下的收发室拿一下刚刚邮寄过来的快递，然后去找财务的同事给合同盖个章，把其中一份快递回去就可以了！"

方克从来没在公司走过合同流程，不过听晓希说的意思就差最后一步了，感觉也不复杂，就满口答应了下来。他去收发室取了合同，就直奔了财务部。

可事情并没有想象中顺利。

方克把两份合同递过去，说："麻烦您，需要盖一下合同章。"

那位负责合同盖章的同事只瞄了一眼，连手都没伸，就说："手续不全，拿回去补齐了再来。"

方克愣了一下，追问了一句："啊？缺什么？"

那位同事回复得特干脆："你第一天来啊，没见过你这样的，拿着两份合同就过来了。新员工入职培训没学过合同审批流程吗？公司制度没看过吗？问我缺什么，回去自己查查公司网站上的制度。"

方克拿着合同带着一肚子气往回走："我就是一个帮人跑腿的，我当然不知道了，跟我这耍什么横啊。"

生气归生气，事情还得办。方克又拨通了晓希的手机，把经过说了一遍。晓希听完连声道歉，说："不好意思啊，我忘了告诉你了，需要在合同前面附上一个打印的审批单，那个单子我马上发邮件给你，你帮我打印出来附上就可以。"

于是，方克打印了审批单，附在合同上，又去了财务部。

这一次，那位负责合同盖章的同事把合同拿了过去，翻了两下，又甩了出来，说："没角签，去签了再拿回来。"

"啊？什么？什么叫角签？"方克心里已经非常烦闷了。

"合同金额超过 50 万元了，必须有部门总监角签，就是每一页的页脚都要签个名。"旁边不知道什么时候多了一个同事，应该也是来盖章的，他好心地小声提醒方克。

方克明白过来，于是跟财务部的同事说："我们部门的总监不在，整个部门都出去做发布会了，今天回不来，合同又必须今天快递出去，怎么办？"

"那你们早干什么了？非要等到今天？"

方克被抢白后，沉不住气了："你跟我嚷嚷什么呀？能不能好好说话啊？我也是替别人办事，我哪儿知道盖个章还这么麻烦。"

财务部的同事当然也不甘示弱："我管你是不是替别人办事，只要是你办，就要知道公司的制度是什么。要都像你一样，什么都不知道就跑过来，我们整天还得给你们解释制度，我们还干不干活了？你耽误自己时间我们不管，你别影响我们工作，你看，后面还有人等着盖章。"

方克第一次被人这么数落，再加上来来回回折腾了一个多小时，心里一股小火苗来回地蹿。他拿过合同扭头就走，到了财务部门口，又使劲关上了大门。

只听一声巨响之后，又是哗啦啦的声音，原来，门边的花架上有个花瓶，本来放得有点歪，这么一震，竟然掉在了地上……

故事发展到这儿，已经远远地超出了方克的预料。虽然他并不是有意的，但花瓶的确是因他而碎。于是，整个事情看起来像极了一场闹剧：方克受同事之托来盖一个章，结果章没有盖成，还恼羞成怒地砸坏了人家一个花瓶。即使不考虑这份合同今天邮寄不出去会有什么影响，方克也依然不知道，明天他应该怎么面对自己部门的老大，他也不知道，以后公司的同事会怎么看待他……

故事的背后

方克到底出了什么问题？你理解他，甚至同情他吗？

作为一名职场人，他有两点做得不够好。

第一，他在受人之托时，把事情想当然地看得简单，没有深究到底怎样才能把这件事做成。当然，拜托他做事的晓希也有需要改进的地方。

第二，也是最致命的，方克没有在关键时刻管理好自己的情绪。就那么一刹那，在愤怒的情绪之下，一个使劲关门的动作，改变了故事的走向。

回想一下你的职业生涯，或者在生活中，有没有也和方克一样，在愤怒情绪的驱使下做过让自己后悔的事，或者说过让自己后悔的话？你也许想过，情绪 ABC 理论能帮你锻炼快乐肌肉，可并不能在短时间内帮你化解愤怒。生气时，哪还能顾得上寻找非理性信念啊！这天生的"暴脾气"，没救了！

其实，"暴脾气"这件事，固然和先天的因素有关，但也有一些对付"它"的小技巧。让我们来探讨一下，如何在愤怒之下做情绪急救。

情绪背后的生理机制

在讨论如何对付"暴脾气"前，先来了解情绪产生的生理机制。

在人类漫长的进化史中，人们的大脑也在不断发生变化。脑干是大脑最原始的部分，在脑干的基础上，大脑发展出充满沟回与褶皱的皮层。

作为大脑最原始的部分，脑干在整个大脑中只占了非常小的比例，这块小小的区域的上端，有一个杏仁状的区域，被人们称为杏仁核。而在杏仁核的周围，还有梨状皮层、扣带回、脑岛、海马回等区域，这片区域环绕大脑两半球内侧形成了一个闭合的环，因此被称为边缘系统，这里是人们的情绪中枢。

边缘系统在人类生命的早期就开始发挥作用，婴儿饿了时哭，冷了时哭，看到爸爸妈妈熟悉的脸时笑，这些反应都来自边缘系统所产生的情绪。

边缘系统会给人们带来情绪反应，情绪又会直接引发一定的行为，整个过程并没有理性的参与，这个系统被心理学家们称为"行动"系统[①]。

除"行动"系统外，人们的行为更多时候是受到了"知性"系统的影响。"知性"系统通过大脑中的额叶部分发挥作用，负责对更高级的认知型信息进行处理。"知性"系统的发展乃至成熟是在人们4岁左右时才开始的。

一般来说，从人类进化的角度来看，主导情绪的边缘系统比主导理性的认知系统更早出现；而从个体由婴孩成长至成人

① 科里·帕特森，约瑟夫·格雷尼，大卫·麦克斯菲尔德. 影响力2[M]. 彭静，译. 北京：中国人民大学出版社，2008.

的角度来看，边缘系统也会在生命的更早期就开始发挥作用。这就不难理解，为什么在很多时候，人们总会在第一时间被情绪所左右，冷静下来以后才会用理性进行利弊分析，这本来就是人类的本能和最自然的反应。

被情绪影响是人之常情，但并不表示，人们应该完全放任自己的行为被情绪左右。一个被情绪左右的人，就好像他的认知系统被他的"杏仁核"所挟持了，你愿意让这个负责理性分析与决策的认知系统轻易被劫持吗？当然"不"。

逃离杏仁核挟持的三步走

第1步　觉察

做自己情绪的观察者，具体分析可参照 3【情绪觉察与接纳】中的内容。对于愤怒情绪而言，有两种信号可以帮助你更及时地觉察。

生理反应

在愤怒来临时，人们会脸色发红、身体出汗、呼吸急促、心跳加速，同时，人们的血液也在流向四肢，以至于人们会咬牙握拳、双肩发紧。

愤怒是种原始的情绪，所以，伴随愤怒产生的生理反应有点类似于战逃反应，也就是你在遇到危险情况下的应激状态，要么搏斗，要么逃跑，但无论是哪个选择，你的身体都已经做好快速行动的准备，肾上腺素和去甲肾上腺素等化学物质会在身体里激增。

留意观察自己的生理反应，这些都是有助于自我觉察的信号。

找到自己的情绪触发点

情绪触发点的英文是"Trigger"，也就是"扳机"，这是个很形象的比喻，当人们遇到某些特定的事件时，就好像人们的情绪扳机被触发了，愤怒马上出现，这些特定的事件就是人们的情绪触发点。

每个人都有不同的愤怒情绪触发点。如果你花点心思观察自己的上级或同事，你就会发现每个人都会在某些特定情况下容易愤怒。例如，有些人特别忍受不了自己的专业性被质疑，有些人面对别人的拖沓会非常容易发火。我曾经有一个同事，最受不了的是看到下属交上一份配色毫无审美可言的 PPT 文件。

小提示

你可以通过回忆和自我观察去发现自己的情绪触发点。如果你了解了自己的触发点，当此类事件发生时，你会马上意识到"啊，我要生气了"。于是，你对自己"愤怒情绪"的觉察会更加及时，也会更有可能及时提醒自己先冷静下来，别在愤怒和冲动情绪下贸然行动。

第2步　暂停，给自己 6 秒的时间

当你能够觉察到自己正处在愤怒的情绪中之后，你要做的就是"什么都别做"。这时给自己一个 6 秒的空当，停下来。

为什么是"6 秒"？根据心理学家们的研究，在大多数时候，人们做出的行为反应和决策都是在行动系统和知性系统两个系统共同作用下的结果。但是，负责情绪的行动系统的反应速度会比知性系统更快，快多少呢？研究表明，平均数据为约6秒。

在有些情况下，反应更为快速的行动系统为人们提供了趋利避害的本能。例如，当你看到一辆失控的自行车向你冲来时，你的行动系统马上发挥作用，你根本来不及细想，就已经在恐惧情绪的作用下逃开了。在这个情境下，如果你要等着调用自己的知性系统，根据自行车的速度和质量，计算撞上自己时冲量值有多大，再来决定是否要闪躲。那么，你十有八九是躲不开的。

然而，在职场中每一个被激怒的瞬间，直接听从行动系统的安排却不是一个好选择。方克扭头就走，使劲甩门，这时他的大脑应该也正在把血液推向四肢，心率和血压都开始升高，这些都是行动系统在发挥作用的典型表现。

当人们理解了两个系统的作用机制和反应速度的差异时，就可以不断地提醒自己，在被激怒时，先暂停6秒，什么都别做。假如你没办法控制自己什么都别做，那就试着，在心里从1数到6。有可能在这6秒里，你在别人眼里会有点"呆"，没关系，至少你不会在情绪的支配下做出过激的举动，或者说出过激的话。

第 3 步　做出选择

暂停之后，你可以开始调用自己的知性系统，评估一下两个选择：表达自己的情绪，或者停下来。

什么情况需要停下来？当你判断出你多说或多做并无益时。典型的情况可能有以下几种。

对方不值得你讲理，或者根据你的判断，短时间内很难讲通。

方克面对的财务部同事，应该属于这种情况。继续和对方争执，只能让事情的进展被"卡"住，还不如换个角度努力。

对方不值得你介怀，或者他对于你实现真正的目标没有影响。

"路怒"其实就属于典型的这种情况，被别的司机"别"了一下，就一定要"别"回去吗？其实你会发现"别回去"并没有任何实际的意义，反而可能引发下一轮的争端，让你偏离当下的目标。

这时，你要想一想，你的目的是什么？是想快点到达那个目的地？还是跟那个"别"了你车的人较劲？

6秒后你感觉自己还在气头上，那一定也要停下来。

不要在情绪冲动时轻易地行动，方克的行为就是教训，他只是想甩一下门表达愤慨，却没想到一个甩门带来了更多的麻烦。

冲动情绪下，不要轻举妄动，冷静下来再去想应对措施。务必要谨记这个职场守则。

什么情况需要表达？当你已经不在气头之上，并判断出在当下那个情境，你需要让对方感知到你的情绪或你的诉求时，而且你需要通过表达进一步推动事情解决时，那么，就表达出来。但请一定注意，表达并不是宣泄你的情绪，而是要说出你的感受和诉求。

关于如何表达自己的愤怒情绪，本书第 2 部分还会有更详尽的介绍。

假如方克学过了拯救"暴脾气"的 3 个步骤，故事的结果会不会不一样？以下来看看 B 版本的故事。

▶ B 版本的故事

前面的部分与 A 版本完全一样，只是在关于"角签"的对话后，出现了另一个拐点。

……

财务部的同事当然也不甘示弱："我管你是不是替别人办事，只要是你办，就要知道公司的制度是什么。要都像你一样，什么都不知道就跑过来，我们整天还得给你们解释制度，我们还干不干活了？"

在方克的职场生涯中，还是第一次这么被人数落，再加上来来回回折腾了一个多小时，什么都没干成，心里一股小火苗来回地蹿。

他拿回合同，想掉头就走。但心里有一个小小的声音提醒他说："先别走。我现在生气了，因为对方态度实在太气人了！可是，现在走了，事情办不成，还是耽误工作。"（这是方克的第 1 步，觉察。）

于是，方克先闪到一边，让后面的同事先办理，自己也先冷静一会。（这是方克的第2步，暂停。）

等后面的同事办完了，方克也想明白了，这时跟财务部的同事再掰扯和纠缠，对事情也没有帮助，不如求助一下别人。（这是方克的第3步，在刚刚纠结的事和人上先停下来，换个方式。）他跟着刚刚给他解释什么叫作"角签"的好心同事出了财务部的门，然后叫住他，向他咨询关于角签的具体要求。那位同事很有耐心地告诉他，全额高于一定数额的合同，必须有总监角签，这是公司的规定。不过，好心的同事突然说："你们总监开发布会的地方离这远吗？打个车过去请他签一下，不就解决了吗？"

真是一语点醒梦中人，方克按照同事的建议，先给晓希打了个电话说明情况，请她跟会场的总监沟通好，然后打车过去签了字，又赶回公司，终于在下班前搞定了盖章。

第二天，在市场部的总结会上，总监还专门点名表扬了方克，说他："主动协助同事工作，以部门大局为重，而且有应变能力，独自搞定了整个流程。"从那儿以后，方克依然是那个在部门里受欢迎的小伙子，只是在面对突发事件时，更多了些从容。

练习4　　　愤怒之下你会怎么做

有一天，你收到了来自合作部门同事的一封邮件，这封邮件措辞犀利，把之前一个双方合作项目延期的责任全部推到你的身上。这封邮件被抄送给了你的直接上级，他的直接上级，以及项目中的其他同事，还有你们整条业务线的总负责人！

你愤怒了。

"怎么能这么颠倒黑白呢？"

"怎么能这么推卸责任呢？"

"做人怎么能这么没底线呢？"

"该我承担的责任我肯定承担，但这明明不是我的责任，这个'锅'，我，不！能！背！"

于是，你毫不犹豫地用鼠标单击"回复所有人"，准备撰写一封措辞更为犀利，有理有据的邮件，反击回去！

等等，还记得"当你觉察到自己正处在愤怒的情绪中时，你要做的就是'什么都别做！'"这条原则吗？

那现在，请你应用本章节提到的拯救"暴脾气"的三步法，来实地练习一下。

第 1 步 觉察

试想你就是那个收到不公正投诉邮件的人。

感受一下，从哪些现象判断你在愤怒情绪之中？

如果给你的愤怒程度按 1~5 分来评级，你会评几分？1 分为有一点，5 分为极度。

第 2 步　暂停

现在你应该停止什么动作？

第 3 步　做出选择

冷静思考，你现在的选择是什么？停下来？还是表达你的愤怒和反击？

假如要表达，你的表达对象是谁？（写邮件给你的人，还是"回复所有人"？）

你的表达途径应该是什么？（回邮件？还是微信或电话先私下沟通一下？）

你的表达内容是什么？你表达愤怒的诉求又是什么？

关于本练习的一些小技巧

在这个案例中，你遭遇了不公正的指责，的确需要表达愤怒，并合理反击，但对于表达的方式、途径、对象，都需要多一点思考。所以，还是要恪守"愤怒的时候选择什么都别做"的原则。

当你冷静下来时，可以从以下角度思考。

● 假如要回复邮件，是不是一定要选择"回复所有人"？

这个问题没有标准答案，要根据事情的性质和具体情境做判断，但在任何时候，"回复所有人"都是一个需要谨慎的选项。把一场口水大战暴露在整个项目组的范围内，除非有特殊原因，这个做法应该不是最好的选择。

● 需要马上回邮件吗？还是通过其他途径沟通？

这个问题同样没有标准答案。

在不同的公司有着不同的邮件文化，有些企业（特别是外企），习惯用邮件沟通大部分的工作；而在有些企业，习惯先用电话或微信私下沟通，再用邮件做一个正式的书面确认。你务必要根据你所在企业的文化与特点做判断。也许写邮件给你的那位同事直接用邮件推卸责任的方式已经欠妥了，你完全没必要再步其后尘。要知道，邮件作为可以留存的书面凭证，可以造成的影响和伤害，很多时候远远大过于冲口而出的过激语言。

● 假如写邮件，应该说些什么？

关于如何表达愤怒，可以参考 10【表达愤怒】的内容。

此外，还有一个小技巧。收到一封措辞犀利的甩"锅"

邮件时，你有可能特别想当时就反击回去，你没办法停下来冷静思考，怎么办？写一封让你觉得大快人心的邮件，但是，不要直接单击"回复"，可以按"转发"对着空的地址栏，先把邮件写完，写邮件的过程就是一个发泄的过程，写完以后再考虑要不要发。别小看一个空地址栏的缓冲，这段时间既可以让你的愤怒得到表达（但不会被别人听到或看到，不会带来破坏性的影响），也可以让你冷静下来。写完再重读时，你也许就有不同的决定了。

早在非电子邮件时代，美国前总统林肯就曾经采用类似做法。美国南北战争期间，他曾经写了一封给下属米德将军的信。在写这封信之前，米德将军违抗了林肯的命令，一意孤行，导致了战场上的一次重大失败。林肯得知消息后非常生气，于是他提笔写下了一封措辞严厉的信函。然而，这封信并没有被邮寄出去，而是在林肯去世后才在一大堆文件中被发现。林肯的陆军部长埃德温·斯坦东猜测林肯在写完信后经历了这样的心路历程："不管怎么说，事情已经过去了，这封信发出去又有什么用处呢？我是发泄了胸中的怨气，而米德呢？他肯定要竭力为自己申辩，激起强烈的不满情绪，自然也会指责我的不是，这样一来，势必损害一个指挥员的威信，最终会迫使他辞去军职。"于是，这封信成为一封并未寄出的信。

7 【走出内耗】

对情绪反刍喊停

⊙ A 版本的故事

夜深了，艾米却一直睡不着。

白天办公室里发生的那一幕在她的脑海里像放电影一样不断回放。而每回放一遍，都只会让艾米更加纠结和懊恼。

事情的原委非常简单，艾米是销售部的助理，上周五她提交了一份本月的销售数据分析报告，这个工作艾米已经做得非常熟练了，她的老板，也就是大客户总监雷栋也对艾米的报告质量一直很满意。没想到的是，上周五的报告里有一个数据逻辑错误，艾米没有检查出来，而雷栋也没发现，他直接引用了这个数据。

结果这个错误在月度管理会上被雷栋的直接上级发现了，他直接就这个信息提出了质疑，而雷栋却无法合理解释。

会议结束以后，雷栋在销售部的会议上，当着十几个人的面狠狠地批评了艾米。艾米没控制住，哭了。

早就过了平时睡觉的时间，可艾米还是一直在翻来覆去地回顾整件事情。

她很自责，因为犯了这种低级错误，如果再给她一次机会，她一定会好好地把那份报告检查一遍。

对于雷栋，她有点愧疚，毕竟因为自己让他在整个公司的会议上丢了面子。但她也有一点怨恨，觉得雷栋当着那么多人批评自己实在是太不留情面了。

而在这些复杂情绪之外，更加让艾米难以释怀的是自己在会议室里的表现。

"为什么自己那么不争气，竟然当着全团队人的面哭了。"

"别人会怎么想？会不会觉得我特别受不得委屈？"

"哎，我是不是有点太玻璃心了？这么点打击都承受不了。"

"下个月Lily那边有个项目，本来她说让我负责一个单独的模块，我正好想借机会学习一些新东西，这下她会不会后悔，把这份工作分给别人？"

"这个季度马上就要做绩效评估了，我会不会受影响？"

翻来覆去几小时，凌晨两点多，艾米才终于迷迷糊糊地睡着了。

闹铃响起时，艾米挣扎着醒来，觉得头昏脑涨，却不得不爬起来顶着两个大黑眼圈去上班。今天还有一堆数据要处理，有份报告也该交了，这种状态，能把这些活干好吗？

等待她的，还有更艰难的一天。

▶ 故事的背后

在艾米对于情绪的处理方式上，你有没有看到自己的影子？处理消极情绪有几种典型模式，包括直接反击、找人倾诉、压抑否定等，而艾米的反应则是另一种典型情况。她的情绪没有那么剧烈地爆发，但持续的时间长，而且愈演愈烈。

如何才能避免消极情绪的扩散与蔓延呢？

对情绪的"情绪化"反应

情绪反应通常是人们对客观事件进行认知加工后出现的结果。

有时，人们在对客观事件进行认知加工后产生了消极情绪，又会接着对这些消极情绪进行认知加工，进而产生新的情绪，这种情况就是情绪的"叠加"。也被称为对情绪的"情绪化"反应。这个过程如图 7.1 所示。

图 7.1 消极情绪的叠加过程

在一定程度内的反思自省不是坏事，但反思的对象应该是"事"，而不是"情绪"。如果把关注点都放在情绪上，纠结和沉溺于其中，就会引发更持久又强烈的消极情绪。心理学家们将此称为"情绪反刍"，人们常说的"精神内耗"也是指这种情况。

情绪反刍

食物反刍主要出现在哺乳纲偶蹄目的草食性动物身上，它们把没来得及咀嚼的食物储存在胃里，软化后再回到口腔，重新咀嚼并吞咽。

对于自己经历的消极事件或体验到的坏情绪，人们有可能进行反复"咀嚼"，这种处理方式被形象地称作"情绪反刍"。

动物对食物的反刍帮助它们有效汲取养分，而人类对坏情绪的反刍却只能吸收到情绪的毒素。

很多时候，影响你的不是在生活中那些让自己不开心的事情，而是对待那个"不开心"的方式。如果你能够放下那件事和那个时间点的"不开心"，甩开肩膀大步往前走，你会发现，这件事情带来的影响并没有那么夸张。

可放下哪有说起来那么容易，更多时候，人们不可避免地反刍那个"不开心"。在反复的"咀嚼"中，人们回想和放大当时受到的伤害，重复体会当时的憋屈和不服，甚至幻想，如果再来一次，自己有没有可能换个更好的处理方式来避免伤害？当人们发现有更好的处理方式时，又会开始懊恼和自责，开始埋怨自己，为什么当时不那样做？

对情绪反刍喊停

假如手指被割伤，人们会快速止血，并把伤口包扎好，避免它暴露在空气中，这样才能更快痊愈。而当人们体会到某种消极情绪时，就好像人们的心被伤害了，这时不断反刍情绪的人们在做什么呢？人们在做的就是反复打开包扎伤口的绷带，反复去捅那个伤口，再不断地告诉自己："我受伤了，我好疼。"

于是只会越伤越重，越来越痛。

如何对情绪反刍喊停？以下从两个角度来介绍。一是治标的办法，短期疗效好；二是治本的办法，长期收益大。

1. 治标——以最快的速度对反刍喊停

第 1 步　觉察，还是觉察

和对付暴脾气一样，第 1 步仍然是觉察。

有一句英文谚语说："Awareness is the 90% of the solution。"在管理情绪这个领域，不能说觉察意味着问题的 90% 得到了解决，但至少，觉察永远是解决问题的基础和源头。

觉察有两个层次，第一个层次，是像一个观察者一样，觉察到自己处于某种情绪中：我现在愤怒了，我现在抑郁了，我在不可遏止地反刍情绪。

第二个层次，是知道自己情绪产生的原因：我为什么愤怒，我为什么悲伤，我为什么不遏制糟糕的念头，我为什么不停"咀嚼"与反刍。

假如你才刚刚试着练习管理自己的情绪，那么，达到第一个层次的觉察在这个情境中已经有很大帮助了。

第 2 步　转移

当觉察到自己正处在情绪反刍状态之下时，可以试着对自己说："好了，停下来。"结果会怎样？多数人不仅不会停下来，反而会陷入更深的反刍中而无法自拔。

为什么会这样？美国哈佛大学社会心理学家丹尼尔·魏格纳曾经做了一个有趣的心理实验，他要求参与者尝试不要想象一只白色的熊，假如想到了，就请按响面前的铃铛。结果，实验开始后，整个房间里的铃声此起彼伏。而另一组参与者没有被要求"不要想白色的熊"，他们则很少会想到白熊的形象。

这个现象被称作"白熊效应"，也叫作"反弹效应"。当我们刻意地把注意力从一个关注点上转移开时，思维也开始出现无意识的"自主监视"行为，监视自己是否还在想那件不应该想的事情，结果，那件事情反而在头脑中挥之不去。

你也不妨试试，闭上眼，不要去想白色的熊，不要去想。

怎么样？白熊的形象是不是几乎跃然纸上？

看来，"命令自己不要想"多半是无效的。现在你可以试着想想一辆红色的甲壳虫小汽车。再闭上眼，想象一下，记得，是红色的甲壳虫小汽车。

这次怎样？白色的熊是不是消失了？

这就是对付情绪反刍的最快方法——转移。

不是命令或强迫自己不要想，而是做点其他能让你投入的事。看部快乐的电影、追一个搞笑的综艺、给自己做顿饭、摊开字帖临摹一幅字，总之，鼓励自己找到平时最享受、最容易投入的活动。电影《孤男寡女》中，女主角每到情绪崩溃时，就会躲在卫生间里打扫卫生，把地板和马桶刷得光亮如新。她刷得异常投入，甚至是享受。在观众看来，这的确算一个怪癖。可从情绪急救的角度来看，这种消解坏情绪的方式可比酗酒、抽烟健康。所以，做什么并没那么重要，重要的是，当你全情投入这件事时，它带来的积极情绪体验能转移你的消极情绪。

你可以试着为自己建立一个"快乐清单"，也就是通过日常观察发现自己最容易在哪些事情中快速投入并获得积极体验。下一次觉察到情绪反刍时，就从清单中挑一件事，去行动起来。

2. 治本——从根源上解决问题

觉察和转移也许可以在较快的时间内缓解情绪反刍，但如果要从本源上解决情绪反刍的问题，还需要思考你应对消极情绪的最惯用模式是什么。是压抑、否定、接纳、放任，还是宣泄？

显然，当你无法接纳自己的消极情绪时、当你去评判自己的消极情绪时，情绪反刍是最容易出现的。所以，治本的方法，依然是要学着接纳。

接纳为什么会有治愈的作用？

假如你看到一个小孩子在大声哭泣，让他最快停下来的办法是什么？如果你有过类似的经验，你会发现，呵斥他"不要哭"其实并不奏效，假如你可以蹲下来轻轻地抱住他，告诉他说"我知道你很难过"，他反而会从号啕大哭渐渐变成小声抽泣。当他平静下来以后，再和他讨论怎么解决问题就容易多了。

一行禅师曾经在他的书中提到，人们每一种负面的情绪都像自己的孩子一样，你只有去接纳它，关照它，才有可能真正地与它们和平共处，进而寻求到内心的平衡。

　　回到艾米的故事，她之所以在深夜辗转反侧，一大半的原因是她懊悔于自己的失态，更担心这个失态的哭泣会给别人带来坏印象。她评判着自己在会议室中的悲伤，否定了这份情绪的合理性，并在这种评判之上产生了懊悔、郁闷等更多的消极情绪。

　　而再进一步追溯，艾米的情绪背后还有一个不合理信念，就是无限制地夸大哭泣这件事会带来的糟糕结果：

　　"别人会怎么想？""老板会不会因此而不再信任我？"

　　"同事会不会因此而改变主意，不再把那个项目分配给我？"

　　情绪 ABC 理论同样适用于这里，艾米可以尝试着寻找自己的不合理信念，通过自我辩论建立具有建设性意义的新信念。

> **小提示**
>
> 　　情绪 ABC 理论可以帮助人们锻炼快乐的肌肉，从根源上增强调节情绪的能力。如果你的肌肉还没有锻炼出来，那就试着"转移"一下，先来治标。

　　概括一下。短期看，先通过转移关注点来实现情绪急救；长期看，要通过反复练习来提升情绪管理能力。希望这些建议可以帮助你走出内耗，大步向前。

▶ B 版本的故事

　　艾米今天在部门会上被老板训了一顿。

　　事情的原委非常简单，艾米是销售部的助理，上周五她提交了一份本月的销售数据分析报告，报告里有一个数据逻辑错误，而上级雷栋也没发现，他直接引用了这个数据。

结果这个错误在月度管理会上被雷栋的直接上级发现了，他直接就这个信息提出了质疑，而雷栋无法合理解释。

会议结束以后，雷栋在销售部的会议上，当着十几个人的面狠狠地批评了艾米。艾米没控制住，哭了。

晚上回到家，艾米开始琢磨白天的事，越琢磨就越难过。先是责备自己做报告时竟然没有认真检查，然后又后悔自己当时为什么没控制住，竟然当着全部门的人哭了，多丢人。

停，艾米意识到自己开始情绪反刍了！这么下去可不是办法。

艾米先给自己叫了个美味的外卖，然后点开了最爱的综艺节目，看着自己的偶像在节目里用智商和情商秒杀其他人，这个感觉简直太棒了。节目里有个平时非常优雅端庄的女明星，在面对高空骤降的挑战任务时吓得花容失色，落地的一刹那也全然不顾自己的形象，放声大哭。艾米看着哭得妆都花了的美女，突然觉得自己被治愈了。艾米想：在亿万名电视观众面前这么失态地哭一场，好像也并没什么大不了，我并没有因此而嘲笑她，反而觉得她挺真性情、挺可爱的，比那些总端着范儿的明星更接地气。

等节目看完，艾米已经从不可遏制的情绪反刍中解脱了出来。她安慰自己：不就是在办公室里哭了一次吗？别人应该都能理解。至于报告上的错误，的确是挺不应该犯的，明天再去跟老板道个歉，而且下次一定要再细心一些。

第二天，阳光灿烂，艾米心情也基本恢复。她买了杯咖啡去找雷栋："雷总，这次的确是我的问题，我已经找到错误的原因了，下次一定避免。"雷总反而有点不好意思："昨天我也没控制好情绪，话说得有点重，跟你道歉。"

这一页，就此翻篇。

练习5   用"三件好事"提升幸福感

除"情绪 ABC"的练习方法之外，以下介绍一个小练习，叫作"三件好事"，这个练习可以帮助人们提升对生活的满意度和幸福感。积极心理学之父马丁·塞利格曼在《持续的幸福》这本书中介绍了这种方法，并讲述了很多人在实践之后收获的成效。

"三件好事"的操作方法非常简单，在每天快要结束时，写下这一天中让你觉得进展顺利、能让你开心的事情。这三件事可以是很小的，例如：

今天我的同事送给我一块特别好吃的蛋糕，咬一口就觉得好有幸福感！

也可以是相对比较重要的，例如：

我的老板今天跟我谈了上个季度的绩效评分，我得了 A！

在你所列举的每件积极事件之后，回答这样一个问题："为什么这件好事会发生？"

所以，每天记录的完整版本大致应该如下：

今天我的同事送给我一块特别好吃的芝士蛋糕，咬一口就觉得好有幸福感！这件好事为什么会发生？因为她买蛋糕的时候想起我也爱吃，就帮我带了一块。

我的上级今天跟我谈了上个季度的绩效评分，我得了 A！这件好事为什么会发生？因为我这个季度真的很努力，也找到了和上级保持一致节奏的好方法。

我今天顺利完成了给客户的项目方案，因为我今天用了上周培训课上老师推荐的番茄工作法，帮助我更高效地利用了时间。

看到这儿，你可能还对这个方法抱有疑虑，以下具体解答一下。

问题 1：这个办法真的有效吗？我怎么觉得有点太刻意了？

从个人的感受而言，这个方法的核心在于帮助人们调整关注点。

当你有意识地发掘生活中那些不起眼的，但还算顺利的小事时，你会逐渐因为练习强化这种技能，最终形成自动化，渐渐地，你会对"小确幸"具备更强的感知力，觉得自己一直被"小确幸"所包围。

同时，在寻找"小确幸"时，你还不断问自己"为什么这件好事会发生？"这种练习帮助自己发掘哪些好的习惯、好的工作方式是可以带来幸福感的，进而也会让自己强化这些习惯和方式，从而渐渐形成一个正向的循环。

问题2：这个办法怎么有点像自我催眠或阿Q精神？

假如你每天早上对着镜子说"我真美，我是最棒的"，一个月以后，你真的觉得自己变美了也变棒了，那我要告诉你，这个真的是自我催眠。

因为，"美"和"棒"这件事，其实是可以通过客观标准衡量的，你认为自己变美了，而在别人的眼里，可能并没有。

然而，"幸福"和"快乐"这件事是没有客观标准的，更多的是自己主观的、内在的感受。一个月薪50 000元的人不见得比月薪5 000元的人感到更幸福。所以，这个方法是在帮助人们调整对幸福的主观感知，帮助人们更多关注生活中值得欣赏、值得感恩的事情，帮助人们提升寻找幸福感的能力，这同样也是在锻炼"快乐的肌肉"。

问题3：这个方法对哪些人有效？

你需要感觉到纠结和痛，才有动力去实践。例如，A版本故事中的艾米。很显然，她容易把更多的关注点放在消极的事情上，所以，这个练习可以帮助到她。

假如你现在已经觉得岁月静好，内心平和，也许这个方法对你已经没有显著的帮助了。

假如你现在觉得常常被一些消极情绪所困扰，有改变现状的欲望，那不妨试试。

问题 4：我能坚持下来吗？

这个很难预测。但做这件事，每天只需要 3 分钟，和每天健身、每天学英语、每天读书之类的宏大计划相比，这是个相对容易坚持的习惯。

假如以上的讲述已经能够消除你的疑惑了，那么，来试试吧。

现在，请回想一下，今天有哪些让你觉得开心的事情，又有哪些进展顺利的事情？

请写下来：

（1）我今天_____而这件事情之所以会发生，是因为_____

（2）我今天_____而这件事情之所以会发生，是因为_____

（3）我今天_____而这件事情之所以会发生，是因为_____

要记得坚持！两周以后，你应该能体会到变化。这是一个比情绪 ABC 理论方法更容易见到成效的情绪管理自助法。

8 【减少焦虑】
找到控制圈，先行动起来

▶ A 版本的故事

还记得小扬吗？在前面的故事中，他因为不满上级的管理风格，一怒之下裸辞了。

裸辞的感觉，还是挺爽的。早上终于不用去挤地铁了，终于不用在会议室里开一下午冗长却没有结论的会了……小扬使劲休息了一周，还去云南旅游了一趟，然后开始调整状态，投简历找新工作。

今年的就业形势不太好，但小扬觉得自己要求不高，跟原来工资水平持平就可以，中年人不好找工作，像自己这样学历不错、背景也不错的年轻人，肯定不算太难找。

可现实还是让小扬打脸了。招聘网站上放出来的合适岗位并不多，简历投出去很多都没有回音，有几次面试，也都是初面之后就没有下文了。两个月之后，小扬终于获得了面试通过的消息，就在他等正式 offer 时，突然接到 HR 的电话，说公司因为组织架构调整，把这个岗位取消了。快到手的工作又黄了。

这个消息有点像压死骆驼的最后一根稻草。小扬本来就有点焦虑，在这之后竟然开始失眠。他常常在夜里辗转反侧，心想："我今年会不会都找不到工作了？存款剩得不多了，难道还要再找家里要钱？"失眠过后的白天，本来应该再投投简历，找找机会，可小扬总是提不起精神，打打游戏，吃个外卖，一天就这么过去了。他还特别怕接到家人的电话，一听到妈妈念叨他不该裸辞，他心里就堵得慌……

▶ 故事的背后

小扬在严重低于预期的现实面前，被焦虑这种情绪困住了。

我为数十家企业讲过情绪管理的课程，每次课前调研，学员们提及率最高的消极情绪就是焦虑。现代人有太多焦虑的理由了，焦虑于公司可能要裁员，焦虑于孩子学习不好，焦虑于房价太贵，焦虑于周围人似乎都在进步，而自己停滞不前……

如何与焦虑相处？如何在焦虑中保持行动力？

焦虑是一种什么样的情绪

分享一个我的真实故事。有一次，公司要组织一次高层管理者的培训，CEO 非常重视。我头一天晚上就和同事一起调试了设备，培训当天又提前一小时到会场进行准备工作，可是意外还是出现了。会场的 LED 屏无法正常启动，而技术人员还没有来上班。

一直到距离培训开始还有五分钟时，大屏依然是暗的，

CEO 和他亲自邀请的重量级讲师都已经在现场，技术人员姗姗来迟，开始调试设备……

请你代入我当时的情境猜测一下，我那时候有什么感受？

我当时有点手心出汗，心跳加速，觉得时间特别难熬，对时间的感知和平时完全不同，这种感受，就是"焦虑"。

焦虑通常发生在这样的情境下：感觉失去了控制感与安全感，不知道该做什么才能改变现状，对于接下来要发生什么感到未知与茫然。

恐惧和焦虑又有什么区别呢？这两者之间最大的差别是对未来要发生的事是否"未知"。

如果危险与威胁是看得见的、客观的、确实存在的，而且对于危险会带给我们什么样的伤害，我们有相对准确的判断与认知。这时，我们体会到的就是实实在在的恐惧。而当我们对不确定的事情抱有担忧时，我们对还没有发生的事情展开了消极的想象；这时的感受就是焦虑。焦虑，其实是面对潜在的、未知的，甚至是想象中的威胁的一种过度反应。

面对焦虑的反应误区

面对焦虑，我们会有哪些常见的反应误区呢？

第一种，拒绝承认自己的焦虑，有什么可怕的？我没害怕，我不焦虑。

第二种，逃避现实，避免引发自己焦虑的场景。举个例子，有个学员曾经跟我分享他的感受，他是一名大客户销售，有一个正在跟进的重点客户特别难打交道，他的上级要求他保持和这位客户见面沟通的频次，但他总试图找到各种理由减少和这位客户的见面。他在回顾这段经历时提到，实际上自己就是在逃避焦虑，但那时并没有真正意识到这一点。小扬也一样，找工作这件事是引发他焦虑的源头，所以，他干脆什么都不干，打打游戏刷刷短视频，看起来似乎暂时脱离了焦虑，但问题并没有解决。

第三种，合理化自己的焦虑，认为过度反应是正常的、是高标准严要求。在一个团队中，当管理者处于焦虑状态时，有可能会以相对强制、高压的手段来管理下属，这是一种过度反应，但管理者会解释为这是高标准严要求，这就是在合理化自己的焦虑。

以上三种都是没有正视和接纳焦虑的表现。我在前面的章节讲过，每一种消极情绪都有它的积极意义，焦虑也一样。适度的焦虑会提醒我们调动更多的资源、付出更多的努力来应对当下的挑战。

从生理学的角度分析，当我们处在压力状态下时，体内会分泌一种激素，叫作皮质醇。如果压力太大，这种激素太高，会给我们带来一些情绪甚至生理上的障碍。但如果皮质醇过低，我们也会注意力涣散，无法正常生活与工作。所以，去接纳和正视自己的焦虑吧。合理范围内的焦虑并不是坏事，还能成为我们改变的动力。

焦虑背后，常常有一个被夸大的糟糕想法

在前面章节介绍情绪 ABC 理论时，曾为你介绍过一种典型的非理性信念——夸大糟糕的想法。

当人们被焦虑困住时，假如花一点时间去探究情绪背后的信念，通常也会发现自己正在被一个"不断升级的糟糕想法"所困住。在这个时刻，引发情绪的是在我们脑海中的故事，而不是真实的事实。

为了走出焦虑，可以问问自己：我在为什么而担心？我在害怕发生什么？比如说，在前面分享的我的故事里，我因为会场设备坏了而感到焦虑。这个焦虑背后，我到底在担心什么呢？我只是担心会议不能正常进行吗？

不仅仅是，我在担心如果会议不能按时开始，参会高管们会不会有意见？CEO会不会认为我执行不力？会不会对我有负面评价，影响我未来的晋升？我脑子里盘旋着这些杂七杂八的念头。是这些念头让我陷入焦虑。

当我们知道自己到底在怕什么时，再问问自己：

- 哪些事是客观发生的？哪些是我的想法和信念？
- 我所担心的事情到底有多大概率会发生？
- 我有没有办法避免这些情况发生？
- 我是不是在"夸大糟糕的想法"？
- 即使发生了又会怎样？
- 我有没有应对的方法？

还是以我的故事为例。

哪些事是客观发生的？设备坏了，这是事实。

哪些是我的想法和信念？CEO对我有负面评价，甚至影响未来的晋升。这些只是我的想法而已，并没有客观发生。

而这件事多大概率会发生？我是不是在夸大糟糕的想法？似乎是的。

而我所担心的另一件事，设备真的修不好又怎么办呢？我有没有应对的办法？

其实也有，我可以尽快协调另一个会议室，虽然面积小一点，但效果也不会差太多。

当我能这样一个个问题去问自己时，其实"不可控""未知"的事会越来越少，控制感也会越来越强，焦虑的强度就会变低。

在 B 版本的故事里，我也会让小扬来用用这个提问清单。

行动是拯救焦虑的良药

焦虑是一种"失控"的感觉，是"无能为力"的感觉。假如你发现自己并不是真的无能为力，你一定可以去做一些什么避免设想中最糟糕的情况发生，你就可以先从最小一步开始，让自己行动起来。

如何找到行动的方向？从《高效能人士的七个习惯》这本书中，我们可以汲取关于这个问题的智慧。

在这本书中，作者史蒂芬·柯维提出了"关注圈"和"影响圈"的概念。他认为，我们每个人都有很多关心的事，其中有大事，比如北京的雾霾什么时候能治理好，全球经济形势的走向究竟如何，也有相对小点的事，例如自己下周见客户是否顺利，下个月要考驾照能不能通过等。这些事都会带给我们一些情绪上的波动。但它们之间的区别并不仅仅是大或小，而是我们到底在多大程度上会影响这件事情的走向。

从这个角度思考，你会发现，有些事是我们自己可以影响或控制的，例如我多花点时间练习，那么考驾照通过的可能性就更大，我多了解点客户的资料，说服客户的可能性就更大，这些事都可以被归为"影响圈"。还有些事，虽然我们很关心，但我们对于改变它的趋势几乎无能为力，例如北京的雾霾、世界的经济局势，这些事可以被归为"关注圈"。

如果我们想要采取行动，那应该把时间、精力、资源投在哪个圈呢？想象一下，如果投在关注圈，你可以做什么呢？上网搜集各类信息？和周围的人交换意见？这些动作对于改变趋势有用吗？没有。反而会加重无力感，催生更多的焦虑。

假如我们把时间和资源投入在影响圈呢？你会发现，你的投入即使不能带来成功，但一定会在一定程度上影响结果，让结果朝向你期望的方向。

> **小提示**
>
> 史蒂芬·柯维这样总结：着重于"影响圈"的人，脚踏实地，不好高骛远；把心力投注于自己能有所作为的事情，结果是让自己的影响圈逐步扩大。
>
> 全神贯注在"关注圈"的人，时刻不忘环境的种种限制、他人的种种缺失，徒为无法改变的状况担忧。结果是

怨天尤人、畏畏缩缩，无力感日益强烈。由于着力方向错误及由此而生的副作用，影响圈反而会缩小。

我非常敬佩的女排教练郎平曾经说过这样一句话："女排精神不是赢得冠军，而是有时候知道不会赢，也竭尽全力。是你一路虽走得摇摇晃晃，但站起来抖抖身上的尘土，依旧眼中坚定。人生不是一定会赢，而是努力去赢。"

你看，这句话是不是也和影响圈 – 关注圈的理论不谋而合？

"人生不是一定会赢"，有些客观因素是我们无法改变的，但是"努力去赢"是我们可以做到的，这是我们的影响圈。

在柯维的理论基础上，还可以在影响圈里再画出一个小圈，我把它称作控制圈，如图 8.1 所示。

关注圈　————　你非常关心，但无法影响和改变的事

影响圈　————　你可以影响走向，但无法完全决定的事

控制圈　————　可以由你完全掌控、决定的事

图 8.1　控制圈

关注圈里是你非常关心的事情，但你无法影响和改变。

影响圈里，是你可以影响走向，但无法完全决定和掌控的事。

控制圈里，是完全由你决定的事情。

回到我的例子，在这个让我感到焦虑的场景中，三个圈里分别是什么？

设备已经坏了，这就是我的关注圈，我得接受这个事实。

影响圈呢？我可以赶快找技术人员来帮忙，这是我可以影响但不能完全控制的。

控制圈呢？我可以协调备用会议室，可以和参训人员沟通换一个场地，而不是站在原地焦虑地等待，这些都是我可以控制的。

小提示

在焦虑之中，问问自己，我的控制圈里有什么？我应该如何在控制圈中迈出第一步？行动是破除焦虑的良药。

LED 屏坏了，的确不算大事，但我可以特别坦诚地告诉你，因为我太在意 CEO 的评价，太想给高管们留下好印象，当时的焦虑是真实存在的。在愤怒这个小节时，我讲过"情绪系统"和"知性系统"的反应速度存在着差别，在焦虑情绪出现时，这种速度差别同样存在。当时，我心跳加速，手心出汗，这就是情绪系统先发挥了作用。还好，我的知性系统也紧跟着开始启动，我用刚刚讲到的方法帮助自己尽快走出了焦虑。

在职场中，我们的"大心脏"和情绪稳定性就是在这样一件件小事中锻炼出来的。这样的故事还可以有很多版本。

例如，在一个大型新闻发布会的现场，台下坐着几百个观众，开场前五分钟，设备出故障了，而你是负责人，你的控制圈是什么？你要如何行动起来？

再如，马上就要上线的 App 突然发现了一个无法修复的 bug，作为一名产品经理，你的控制圈是什么？你要如何行动起来？

再来看看小扬是如何找到他的控制圈，并行动起来的。

▶ B 版本的故事

裸辞的小扬被残酷的现实打了脸。找工作两个月，一直没有合适的机会。上周，他终于获得了面试通过的消息，就在等正式 offer 时，突然接到 HR 的电话，说公司因为组织架构调整，把这个岗位取消了。快到手的工作又黄了。

小扬夜里辗转反侧睡不着，白天什么都不想干，打打游戏刷刷短视频，一天就过去了。小扬意识到，自己被焦虑困住了，他需要帮助自己走出情绪困境。

小扬拿出在公司培训课上的问题清单，开始自我对话：

● 我到底在担心什么？

——我在担心今年都找不到工作了，我只能灰溜溜地回家。我担心同学们嘲笑我，担心父母对我失望……

- 在这些担心里哪些事是客观发生的？哪些是我的想法和信念？

——两个月没有找到工作是客观事实，其他都是我的想法，不是事实。

- 我所担心的事情到底有多大概率会发生？

——不好说。但客观地说，如果我愿意降低薪酬要求，还是可以找到的。

- 我有没有办法可以避免这些情况发生？

——可以再去问问师兄和朋友们有没有内推的机会，可以再总结一下之前面试失败是哪儿出了问题。实在不行，我也可以降薪。总之，我还是有办法的。

- 我是不是在"夸大糟糕的想法"？

——是的。我是被困在了自己糟糕的想象中，困在了自己讲述的故事情节里。

- 即使发生了又会怎样？我有没有应对的方法？

——如果真的找不到工作，我就去附近的星巴克做兼职，挣个基础生活费，我的积蓄也还够支撑一段时间的房租。总之，并没有到真正山穷水尽的地步。

小扬回答完所有的问题，又闭上眼体会了一下。焦虑还在，但强度变低了很多。在此之前，他觉得自己像被一团湿乎乎的焦虑云团裹住了，现在，他觉得自己可以与云团保持一点距离。小扬继续想，我的关注圈、影响圈、控制圈里有什么呢？我可以做点什么呢？他拿出一张纸，边想边记录下来。

　　填完表 8.1，小扬的焦虑值又下降了一点。他按照计划行动了起来，几天后，他真的在一家连锁咖啡店找到了小时工的机会。每天 4 小时体力劳动，虽收入不算高，但可以接触到形形色色的人，还可以不用纠结杂七杂八的事，专注投入地去工作，小扬觉得心情舒畅了一些。在这 4 小时之外，小扬就按照原计划去更新简历、寻求机会，虽然偶尔仍会有焦虑浮上心头，但小扬已经学会在焦虑中行动起来。果然，去接触具体的人，去做具体的事，就是走出焦虑的最好方式。2 个月后，小扬终于拿到了 offer。

表 8.1　用三圈理论解读小扬的故事

关注圈	1. 我裸辞了。这是已经发生的事，已经无法改变，接受它。 2. 今年就业形势不好。这是大环境，我无法改变，接受它
影响圈	1. 师兄是否可以帮我内推？ 2. 跳出互联网，其他行业是否有机会？ 这些是我无法完全决定的，但我都可以做点什么，来增加可能性
控制圈	1. 优化简历，突出优势经验。 2. 联系师兄，找内推机会。 3. 去招聘网站上看其他行业机会。 4. 在 B 站上学习视频剪辑，多一项傍身技能。 5. 去附近的咖啡馆、快餐店看看是否有小时工的机会。 这些都是我可以去做的事

练习6　　　找到自己的控制圈

　　回忆最近让你感到焦虑的一件事。在这件事中，你的关注圈、影响圈、控制圈里有什么呢？

如果要在控制圈中开启一小步行动，会是什么呢？填写表 8.2。

表 8.2　开启的一小步行动

关注圈	
影响圈	
控制圈	

第 2 部分

不开心？
你得说出来

职场中的情绪表达

　　情绪管理并不能消除消极情绪，但是能教会人们接纳自己的情绪，并和自己的情绪和谐相处。在此基础上，高情商人士的重要特征之一是会适当地表达情绪。该哭的时候哭、该笑的时候笑、该生气的时候就生气，不压抑否定自己的情绪，但也不会戏剧化地夸大消极情绪夫博同情或存在感。这样的自己，才是真正丰富而完整的。

9 【表达悲伤】

表达情绪,而不是"情绪化"表达

▶ A 版本的故事

这次故事的主角是晓希,对,就是前面故事里方克的同事。今天是周一,她的心情不好,非常不好。

就在刚刚过去的周末,她失恋了。

她和男朋友是高中同学,一直都是朋友们眼中的模范情侣。然而,将近8年的感情还是没有抵过异地1年带来的挑战。去年,晓希的男朋友被公司外派到欧洲,说好了去两年回来就结婚的。但两年还没到,两个人就已经开始变得陌生和有隔阂了。上周末,晓希的男朋友正式和她提了分手,他在电话里说:"我也纠结了很久,但是,为了咱们两个好,我觉得分开是咱们现在最好的选择。"晓希也知道他说得对,即使他不提,她可能也会提。但结局到来的那一刻,她还是觉得心里空了一大块,整个周末都过得心神不定。

到公司了,晓希打起精神去开周会。同事们讨论起下周的市场活动,伴随着各种好创意的迸发,大家的笑声也不断。在这样的氛围中,晓希觉得自己显得分外格格不入。这个项目的负责人是晓希,可她却几乎没什么意见贡献,只是机械地附和着。部门总监注意到了晓希的不对劲，开完会特意把她留下来，问她有什么情况吗？晓希提醒自己，别因为个人问题影响工作，于是说："没事没事。"总监心有疑虑，但又不好意思多问，只叮嘱了她两句，下周这个项目很重要，别疏忽了细节，再把流程过一下。晓希点点头，出了会议室。总监在她的身后，默默摇了摇头，他有点不放心，开始考虑，是不是需要找个人来和晓希一起负责这个项目？

▶ 故事的背后

晓希为什么不肯告诉总监她的伤心事？

换作是你，你会说吗？

身在职场，有消极情绪时，到底要不要说出来？要怎么说？

是什么阻碍人们说出自己的情绪

小时候看电视剧，总有以下类似桥段：一位遭遇人生重大变故的主角，在暗夜里独自哭泣或抽了一整盒烟，然后在天亮后用冷水洗把脸，和平常一样面带微笑地去工作。

再回忆一下，当你还是个孩子时，你和父母之间的互动，是不是也有以下类似的情节？

当你大哭时，父母对你说的第一句话总是："好了好了，别哭了。"

当你向父母表达自己的恐惧时，总能得到这样的回应：

"别怕，这点事不值得害怕。"

无论是影视作品里的桥段，还是来自长辈的教育，无疑都在传递一个信息——当众流露消极情绪并不是一件被鼓励的事情。所以，大多数人也理所应当地觉得，把消极情绪公之于众是不合体的，甚至有些可耻。只有小孩子才能够肆无忌惮地哭，而懂事和长大的一个重要标志，就是学会掩藏起自己的悲伤、愤怒或焦虑。

真的是这样吗？

当你不能或不敢说出自己的情绪时，这到底会带来什么

1. 不说，并不表示没有流露情绪

假如你去心理学的理论中查阅情绪表达的定义，你会发现，"表达"和"说"并不能画等号。情绪表达是指用语言或非语言的方式来传递人们所感受到的情绪，也就是说，除了用语言的方式"说出来"或"写出来"，肢体、眼神、表情也都在时刻向周围的人传递情绪。

于是，当人们身处消极情绪中时，选择沉默并不表示别人不会感知到。周围的人从你的非语言信息感知到你在生气或悲伤，但你不肯用语言表达让他们了解你到底在为什么而生气，为什么而悲伤。于是，他们难免揣测，揣测反而会带来误解，甚至伤害。

2. 不说，也不流露，并不表示情绪就会消失

当然，你可能说，你是一个好演员。你可以不说出情绪，

也可以控制自己，让别人没有办法从你的身体语言与状态感知到端倪，你就默默地消化这些情绪就好了，为什么要给别人带来麻烦呢？

是的，这看起来更像一个成熟人士的选择。但是情绪从来都不会自己消失，它们只是被隐藏起来了，未来会在你毫无准备的情况下以更丑陋、更猝不及防的方式出现。

你有没有在工作中见到过以下类似的情形？

一个平时脾气看起来还不错的人，在会议中突然被同事的一句话惹怒了，他拍桌子甩门而去，留下一会议室错愕的人，大家心里暗想：那句话虽然过分，但也不至于生这么大的气。

一个平时看起来很乐观的姑娘，在遭遇到一个小小的挫折或被老板批评了一句时突然哭到崩溃，周围的人也会觉得有点讶异，大家会想：看起来她并不像这么脆弱、这么情绪化的人。

假如你自己就是曾经做出这种举动的人，你应该会明白，那一句话、那一个小小的挫折看起来似乎是这次甩门或哭泣的诱因，但实际上，那是压死骆驼的最后一根稻草。在此之前，你的心里已经累积了太多的情绪，只是你把它们隐藏起来了。这就好像一个早就被气充得满满的气球，气球壁已经撑得薄到不能再薄，只要随便碰到一个桌角，就会爆炸。而这种"最终的爆炸"，反而会给别人留下一个"太情绪化"的印象。

在觉察和接纳自己情绪的基础上，我们还需要学习向其他人表达自己的消极情绪。"管理情绪"和"表达情绪"并不冲突，可以同步进行。当你愿意接受自己是个有情绪的人时、当你能够接纳自己的消极情绪时，你也会有这样的自信：别人同样会接纳这个有情绪的我，接纳我表达的消极情绪。因为，我们都是"人"，有着正常情绪反应、会开心也会难过的人。

身在职场，有消极情绪时，到底要怎么说

1. 坦诚地说出消极情绪，并不是"情绪化"的表现

回到晓希的故事，当她不可抑制的悲伤情绪已经明显影响到她的工作状态时，她应该说出来。

你也许想，失恋是私事，说出来，会不会显得有点公私不分？老板会不会因此而产生什么看法？老板会不会觉得你太情绪化了？

请你不妨站在晓希的上级（部门总监）的角度来想一下。

作为部门总监，你看到下属工作中有点心不在焉，问她原因，她又不说。同时，下周有一个重要的项目还在她的手里。你会放心吗？你会担心她这个状态会不会搞砸了那个项目。这时，晓希在老板的眼里，是一个让人不敢完全信任的下属。假如这类事情上演两次以上，晓希在老板那儿的信誉值就会大打折扣。所以，让上级观察到有情绪，又不坦诚表达原因，才会让上级觉

得，这小丫头太情绪化了，把重要的项目交给她会有风险。

假如晓希能够坦诚地说出自己的情绪，其中的关键作用是让老板获得这样的认知：

- 我很难过，是因为我的确遭遇到了值得难过的事情。
- 我会努力调整好自己的状态。
- 我会努力不让情绪影响到项目的正常推进。
- 假如我真的调整不好，我会及时求助。

以上这几点信息综合起来，老板可能形成的印象是，晓希对情绪有清醒的觉察，同时，她有自我调节的能力，对于情绪可能对工作造成的影响，她也有风险控制意识。

坦诚表达可以换来理解，毕竟失恋的确是件值得难过的事。当她的行为可以被合理解释时，上级会感到事态可控，反而愿意继续给她一份信任。

著名的职场女性，Facebook 的首席运营官谢丽尔·桑德伯格在她的书《向前一步》中曾分享了她和上级扎克伯格之间的一件事。当时，她加入 Facebook 差不多一年，她发现有人在背后非常犀利而尖刻地议论她，当她跟扎克伯格提这件事时，尽管努力克制，还是哭了出来。扎克伯格问她："你想要一个拥抱吗？"她点了点头。谢丽尔在后来接受媒体采访时及其他的公开场合都提到过这件事，她觉得这对于她和扎克伯格来说"是一个突破性的时刻，两个人之间的心理距离更接近了"[1]。

---

① 谢丽尔·桑德伯格. 向前一步 [M]. 颜筝，译. 北京：中信出版社，2013.

　　坦诚地表达和分享情绪，是你和上级或同事之间建立良好关系的一种途径。因为分享，你获得理解和接纳，也会因此和同事建立一种看不见的默契和连接，这种连接，会帮助你们更好地彼此信任，相互支持。谢丽尔·桑德伯格在她的《向前一步》中也这样总结："分享自己的情绪，能够帮助我们建立更深层的人际关系。工作的积极性源自我们对事情的关注度，也源自他人的关心。承认情绪的作用，去面对它、接纳它，这会让我们更好地工作，建立更顺畅的人际关系。"

　　在加入 Facebook 之前，谢丽尔曾担任克林顿政府财政部部长办公厅主任和谷歌全球在线销售和运营部门副总裁。这样的职场精英，在大多数人的心目中应该是"强大的、理性的、冷静的"，但谢丽尔并不是时刻在展示她聪明和理性的那一面，她会展示自己的脆弱，也会表达自己的消极情绪，而这些做法不仅丝毫没有影响她在工作上的杰出成就，反而帮助她建立了职场中更顺畅、更亲密的人际关系。

　　对于"在工作场合流露情绪会不会显得公私不分"的问题，谢丽尔也给出了她的建议。她认为"在当今这个鼓励个性化表达的年代，将工作和生活完全分离是没什么意义的。摘掉'永远在工作'的假面具，真实地表达自我、适当地谈论个人情况，并且承认自己的工作的确常受情绪的驱使，这会让我们从中受益"。

　　相比于"故作坚强"，我更主张"活出真实"。毕竟我们有那么多的时间都在职场中度过，我们需要为自己保留一些

"脆弱"的空间与权利。

小提示

　　鼓励表达情绪，并不是鼓励毫无节制或絮絮叨叨地诉说，在职场中如何在他人可接受、可理解的范围内，寻找适宜的情绪表达方式？这是个值得思考的话题。

　　2. 带着诉求表达情绪，而不是"情绪化"的表达

　　每一种情绪表达背后，其实都有一个隐藏的诉求。

　　哭，并不是目的。在这份悲伤与无助之后，也许我们想获得支持？还是获得理解？也可能只是请求一个独处的空间？

　　有些人过于沉浸于自己的情绪，他们知道自己难过，他们就是想说，但不知道自己为什么要说，这种情绪表达是低效的，不仅不能为自己带来理解和同情，反而会招致反感，让自己变成了职场里的祥林嫂。

　　所以，要表达消极情绪，但不要"情绪化"的表达。在表达前，你需要想一想，自己表达情绪的诉求到底是什么。通常情况下，表达消极情绪的诉求可以有以下几种。

　　● 寻求倾听或情感安慰

　　"我碰到一些烦心事，真的好难过、好憋屈，我能跟你说说吗？"

　　"我有点难过，借个肩膀来靠靠。"

　　显然，以上这些表达都是在寻求对方的情感支持或安慰。这些表达通常会出现在亲近的同事之间。

● 寻求帮助或解决方案

"我觉得压力很大，有点撑不住了，我需要你的帮忙。"

"我好郁闷，不知道怎样才能解决这个问题，你能给我出点主意吗？"

在职场，需要求助时，不妨坦陈自己的消极情绪，懂得示弱而不逞强，是一种心理弹性的体现，也能唤起别人帮助你的意愿。

● 请求一点属于自己的时间和空间

"不好意思，我今天状态不太好，咱们明天再来讨论这个问题可以吗？"

"我现在情绪不太好，我需要自己调整一下。"

当别人试图来找你讨论问题、请你帮忙时，坦诚地告诉别人现在自己情绪和状态不佳，请求一点属于自己的时间和空间，别人多数情况下是可以理解的，这比板着脸拒绝要好很多。

晓希刚刚的情况也可以归入这一类，她可以坦然地告诉老板自己现在的确情绪不好，需要一点时间来做调整，但保证可以调整好。

● 通过情绪表达来推动对方的行动，或者改变对方的态度

还有些时候，你需要通过情绪的表达来推动对方的行动，或者改变对方的态度。你需要让对方知道，你生气或难过，是因为你的原则和底线被触碰了，对此希望你能够改变。关于这一点，会在下一个章节结合案例来一起探讨，怎样建设性地表达消极情绪，进而推动对方的改变。

小提示

最后，也是最重要的，除了去表达情绪，你还得能干、肯干。

在去跟上级诉苦之前，先想想自己是不是已经尽了最大努力；表达完情绪，不是双手一摊把乱摊子推给别人，而是调整好状态再撸起袖子继续干活。如果你能做到这样，你当然可以哭得理直气壮。有句话叫作"职场不相信眼泪"，我想说，职场并不是真的不相信眼泪，职场只是不相信只有眼泪、没有能力的人。

假如晓希坦陈了自己的悲伤，故事的结局又会有什么不同？

▶ B 版本的故事

就在刚刚过去的周末，晓希失恋了。虽然早有心理准备，但在最终结局到来的那一刻，她还是觉得心里空了一大块，整个周末都过得心神不定。

周一早上，晓希打起精神去开周会。同事们讨论下周的市场活动，伴随着各种好创意的迸发，大家的笑声也不断。在这样的氛围中，晓希觉得自己显得分外格格不入。这个项目的负责人是晓希，可她却几乎没什么意见贡献，只是机械地附和着。

部门总监也注意到了晓希的不对劲，开完会特意把她留下来。

晓希知道总监是对她和下周的项目有点不放心，于是她主动跟总监说："我和男朋友分手了，所以今天状态不太好。"

总监说："怪不得看你不太对劲。能理解。那你看需要什么帮助吗？"

晓希觉得受到了安慰，总监平时看起来酷酷的，没想到他感情还挺细腻的。她赶紧说："谢谢您理解。您放心，我今天的状态确实会受点影响，但我能调整好。我上午会再跟供应商确定一下活动的细节，目前来看，都还在进度范围内。"

总监点点头："你也别硬撑，要是不行，我找个人跟你一起跟这个项目？"

晓希说："不用，一忙起来，我状态就能好点了。如果我真的调整不过来，一定会跟您说，请同组的同事来帮忙的。一切以保证项目顺利执行为前提！等周四，我再约您过一下进度。"

总监合上笔记本电脑，说："好的，晓希，这个项目一直是你负责的，我对你有信心。那今天就这样，周四再沟通。"

练习7　评估你的"情绪劳动"强度

20世纪80年代，美国社会心理学家霍克希尔德针对航空公司空服人员进行了情绪表达的个案研究，并提出了"情绪劳动"的概念。

有一部分职业要求从业人员必须表达出特定的情绪，这个情绪与他们内心的真实感受可能是不同的，甚至是相悖的。例如，空姐即使对乘客已经非常厌恶了，也仍然需要微笑以对。高档餐厅和星级酒店的服务员也是同样。霍克希尔德认为,他们在工作的过程中付出了大量的"情绪劳动"。

而大多数的职业并不见得对从业人员有特定的情绪要求,但在工作中,人们同样可能面临着情绪劳动:

对待客户可能"无礼"的要求,内心已经极度愤怒烦躁了,却还是得笑脸相迎;

在家和伴侣吵架了,为了显示自己的职业素养,到了公司还是得显得轻松欢快;

对老板的指示内心非常不认同,也不愿意去做,但还是耐着性子、忍着不快去执行。

研究者发现,当人们经常需要掩盖自己内心的真实感受去做"情绪表演"时,会增加人们的压力,降低工作满意度和绩效,严重情况下甚至可能诱发心理问题。

如何能减少工作中的情绪劳动?

情绪劳动的本质,是情绪感受与情绪表达的背离,距离越远,"劳动强度"越大。所以,想要缩小两者之间的距离,要么想办法改变"情绪感受",要么想办法改变"情绪表达"。

本书第 1 部分的内容,是在探讨如何改变"情绪感受",而第 2 部分就是在讨论如何改变"情绪表达",了解在哪些情况下,你其实可以坦诚地说出你的"不开心",别总憋着。

所以，请思考并回答以下问题。

（1）回想你目前半年的工作状态，你在职场中需要做情绪劳动吗？在所选选项前面的"□"中打"√"。

□ 从来不需要。

□ 偶尔需要。

□ 有时需要。

□ 经常需要。

（2）假如你的选择是"从来不需要"，那么，你可能已经是一个情绪表达的高手了（这种情况的可能性并不大）；或者，你可能在工作中有点太任性，如果是这样，你就得反思一下了。

假如你的选择是"有时需要"和"经常需要"，思考一下是不是需要改变现状？

（3）假如你希望改变现状，通过权衡，你并不想放弃现在的工作，那么，你需要从哪方面入手？在所选选项前面的"□"中打"√"。

□ 我需要改变"情绪感受"。

运用情绪 ABC 理论，通过树立合理信念，把工作中的一些消极情绪进行转化和消解。

□ 我需要改变"情绪表达"。

有些情绪我都默默压抑了，现在想想，其实应该说出来。

10 【表达愤怒】
做一个会"生气"的人

▶ A 版本的故事

　　这次的故事主角还是晓希，她的职位是市场部的活动执行专员，她的工作需要和很多人打交道。在部门内部，她需要和负责创意策划的同事确定执行细节；还需要和设计师沟通，确定宣传物料的图样、选择材质等。在公司外部，她需要和合作的各类供应商沟通，包括场地、物料制作等。

　　在大多数人眼里，晓希是个善于沟通的姑娘，她客气有礼，非常注意说话的方式和尺度，也很懂得照顾对方的感受。

　　这一天，晓希在"沟通"上碰到了一点麻烦。

　　下午有一场新品发布的媒体见面会，晓希负责场地布置，她提前和各供应商确定了设备、各种物料的进场时间。现在，大部分工作已经正常就绪，就差今天上午的鲜花了。然而，约定的时间到了，花艺的供应商却没出现。晓希打电话过去，对方的对接人却一直不接电话。好不容易电话通了，那位对接人却说："晓希，不好意思啊，我今天临时有事休假了，我已经把这件事交代给另一位同事了，我跟她联络一下吧，你别着急，马上回复你。"

过了 10 分钟，对方的另一位对接人打来电话，说她记错了预订的进场时间，正在整理备货，会尽快送过来。

又是 20 分钟过去，对方又打来电话和晓希商量，原定的花材被另一个活动用掉了，现在凑不到足够的数量，能不能换一些其他品种？

接到这个电话，晓希又急又气。这家供应商也是之前合作了多次的，一直没出过什么问题，没想到关键时刻出这个岔子。花材的颜色选择和活动场地的主色调必须一致，花语也和活动主题相关联，这个时候才说要换，怎么可能？她跟供应商新换的对接人说："我们不能接受换花材，你一定要帮我想想办法，看能不能找其他的同行协调一下？"

对方说："我尽量吧，我再联络看看，一会给你消息。"挂了电话，晓希在心里生着闷气，她生自己的气，为什么昨天晚上没有再跟供应商联络一下，太掉以轻心了。她更生供应商的气，第一个对接人太不负责了，换了对接人也不打招呼，第二个对接人态度太敷衍。可是，她又觉得，这种时候，发火也解决不了问题，她深呼吸了一下，赶快去找项目负责人，想商量看看有没有其他应急方案。

现在已经是 10 点了，这个故事的结果会是怎样呢？

▶ 故事的背后

事情进展到这儿，简直是为晓希捏把汗。按照这个节奏，这个问题可能没法解决。

你身边有没有像晓希这样的小伙伴？他们说话和善、性格温婉，好像从来没见过他们生气的样子。和他们相处，总是觉得如沐春风，毫无压力。

当然，正在读这篇文章的你，也许是他们中的一员。

然而，你觉得，这些小伙伴是真的不太爱生气吗？还是，他们只是不会表达自己的愤怒？

不表达愤怒，是意味着脾气好，有修养吗？还是说，这也并不见得是件好事？

▌愤怒表达的两个极端：一点就爆和愤怒无能

总有一些小伙伴，一言不合就跳脚，他们不掩饰自己的愤怒，也并不考虑愤怒的情绪可能带来的杀伤力。这是人们想要避免的，在 6【情绪急救】中，已经给该类型小伙伴提供了练习方法。

现在，再来看看另一个极端，他们几乎不表达自己的愤怒，在他们冷静克制或温柔甜美的举止背后，可能有以下预设观念：

- 愤怒是不得体、没修养的表现。
- 愤怒是无能的表现。

以上这样的观念对吗？并不对。换成以下说法，会更为恰当：

- 当你愤怒时，乱发脾气是不得体、没修养的表现。
- 当你愤怒时，除了乱发脾气，别的什么都不会做，才是无能的表现。

区别在哪儿？第1种说法中，评判针对的是"情绪"本身；第2种说法中，针对的是"情绪的表达方式"。愤怒本身并没有什么不对，也并不值得羞耻，甚至愤怒也有可能成为一种有爆发性的、建设性力量的情绪。

小提示

任意宣泄愤怒固然不值得提倡，但从不表达愤怒，同样是受制于愤怒情绪的表现。观察和了解你的愤怒，表达愤怒，甚至应用愤怒的能量，才是一个高情商人士应该做的事。

▌观察与体会你的愤怒——我为什么会生气？

1. 愤怒情绪的背后，是未被关注和满足的需求

当你还是个小婴儿时，你就已经开始表达愤怒了，你大哭、用力推开嘴边的水瓶，或者攥着小拳头使劲蹬腿。这些愤怒情绪的产生，通常是因为你饿了、困了、不舒服了，你有需求，而这些需求没有得到及时响应。

愤怒情绪的背后，总是存在一个没有被关注和满足的需求。

试着回想你的上一次愤怒，观察、感受和体会这次愤怒，思考这次愤怒情绪背后的需求是什么。

如果你在会议中的发言数次被人强硬粗暴地打断，你愤怒了，这背后的需求是什么？

如果你很用心、很认真地做了一份项目方案，老板刚看了个开头就直接打回，你愤怒了，这背后的需求是什么？

如果你的线上审批单在某个流程上卡了好几天，影响了工作进程，当你找到相关的同事时，他却敷衍搪塞，你愤怒了，这背后的需求又是什么？

2. 愤怒的情绪背后，是被侵犯的边界或原则

每个小动物都有自己的领地，如果你不小心侵入，它会对你愤怒地嚎叫，甚至直接扑上来撕咬。人类也一样。

无论是在家庭中，在一段亲密关系中，还是在职场中，人们都会有自己的社交边界或原则。当边界或原则被打破时，你会感到愤怒。

例如，你给另一半打一次电话没有回，你能坦然接受，但5 次都不回，边界就被突破了。

再如，偶尔帮同事一个小忙，你觉得非常正常，但对方一而再，再而三地把不属于你的任务硬塞给你，边界或原则就被突破了。

在晓希的故事里，供应商的两个对接人无疑突破了职场的基本原则——对事情负责及遵守承诺，晓希当然有理由愤怒。

小提示

所以，愤怒本身有着不可否认的积极意义。

对原始人类而言，愤怒是对于威胁的一种自然反应，它提醒人们要调动身心资源，应对危险，保护自己。

对小婴儿而言，愤怒让他们用激烈的反应引发看护者的关注，会哭的孩子有奶吃正是这个道理。

对成年人而言，愤怒是在提醒自己，要正视自己内心的需求，要了解自己的边界与原则，并采取适当的行动来维护个人利益和底线。

| 表达你的愤怒

1. 为什么要表达

著名的社会心理学家卡罗尔·塔夫里斯曾经在书中讲了以下一个故事。

一条孟加拉眼镜蛇喜欢去咬过往的村民，一位哲人说服这条眼镜蛇，让它知道咬人是不对的。于是眼镜蛇发誓说"它再不会咬人了"。然而，不久以后，村里的男孩子就不再惧怕这条眼镜蛇了，甚至开始虐待它，把它打得鲜血淋漓。眼镜蛇对哲人抱怨说："难道这就是我遵守承诺所应得的吗？"哲人告诉它："我是告诉你不要咬人，但我没有不让你吐芯子吓唬他们啊。"

塔夫里斯写道："很多人，就像眼镜蛇一样，把咬人和吐芯子混为一谈。"

可以这样来理解这个故事，如果把用带着伤害性和破坏性的方式来表达愤怒比喻为"咬人"，那么"吐芯子"就是用建设性的方式来表达愤怒。人们不应该"咬人"，但"吐芯子"

是必需的。

不表达，对方怎么能知道你未满足的需求是什么？

不表达，对方又怎么能知道他突破了你的原则和边界？

不表达，你认为自己是克制的、隐忍的、大度的，但结果是越来越多的需求被漠视，越来越多的边界被突破。

常常见到这样的怨侣，一个性格火暴，另一个宽和、包容。火暴的那个总在发火，而宽和的那个，总能大度忍让，等火暴的那个气消了，也会懂得对方的好。可突然有一天，一个小矛盾引发了一场大风波，宽和的那个突然爆发，说什么也要分手："我一直在忍让，但你一再试探我的底线，这一次我的底线真的被突破了，我受不了了。"听起来，似乎真的是对方的错，可如果他真的懂得早一点表达自己的底线，让对方重视自己的需求，那这段关系也不会变成这样。

职场也一样，别人把一件不属于你的工作塞给你，让你帮个忙，你虽然内心有点窝火，但觉得不过举手之劳，就帮了。下一次再找你，你又帮了。等到对方得寸进尺时，你觉得忍无可忍，拒绝了对方，对方反而受了伤害："我拿你当部门里最好的朋友，你连这个忙都不愿意帮我。"你心里想着："怎么有这样的人，蹬鼻子上脸。"但这句话你说不出口。假如你懂得从第一次就说出自己内心的不情愿，明确了自己的边界，两个人的关系反而能维护在一个舒服的边界内，不至于最后撕破脸面。

2. 什么情况下需要表达愤怒

并不是所有的愤怒都必须要表达。当你判断出在当下那个情境，你需要让对方感知到你的情绪或你的诉求，而你需要通过表达进一步推动事情解决时，那么，就表达出来。但请一定注意，表达并不是直接对抗和宣泄。

3. 如何表达愤怒

方式一：大声地、带着你的情绪能量说（甚至吼着说）

当你认为，你必须让你的沟通对象感知到你的愤怒，并且被你的情绪震慑和影响，进而纠正他们的行为时，你需要这样做。

这样做的关键影响是保障"效率"。也就是说，在那个节骨眼上，靠好好讲道理或其他柔和的手段，没有办法改变对方，但你又必须马上改变和影响对方，让他们按你的期望来，那就大声地、带着你的情绪能量说。

在著名的美国电影《巴顿将军》[①]中，有以下一个情节。

当时德军又投入了一个装甲师，由巴顿将军率领的美军所派出的 101 空降师的处境岌岌可危。下属建议说："我们需要空中掩护，需要 24 小时的好天气，我们才能出动。"

这时，一位士兵过来报告："晚上好，将军。我刚拿到明天的天气预报，更多的雪。空中掩护也没戏了。长官，我们可能必须停下来，等待天气好转。"

---

① 《巴顿将军》是由 20 世纪福克斯电影公司于 1970 年出品的历史片，由弗兰克林·斯凡那执导。

巴顿愤怒了，他大声地说："那些勇敢的士兵在送命，我不能再等待。一分一秒都不能等待！我们要继续前进。清楚了吗？我们要整夜前行，我们要在明天早晨进攻。如果我们不成功，就一个都不要想活着回去！"

下属们被巴顿将军的气势和情绪所影响，没有任何人提出反对意见，大家马上投入紧张的准备工作。

镜头一切换，另一位将领小声和巴顿说："你知道吗，将军？有时，他们真不知道你是在虚张声势，还是认真的。"

巴顿回答："他们是否知道并不重要，只有我是否知道才是最重要的。"

这就是运用愤怒能量的典型例子。他没有拍桌子、跳脚、骂人，而是大声地、坚定地说出他的要求，而这个态度传递的信息是：我已经生气了，请不要再挑战我的底线，提出反对意见，你们要做的是执行我的命令！

这个愤怒不是对内的、自我伤害的能量，而是对外的、巨大的影响力。

回想你的职场生涯，有没有遇到过以下两种老板：

第 1 种，强势而易怒，暴脾气说来就来。下属在他的面前会唯唯诺诺，也会按他说的去做。但是，背后对他充满怨气。他并没有赢得下属真正的尊重。

第 2 种，并不总是生气，但一旦生气，也会对下属非常严厉。而他每次发作，都是下属真正出现不可接受的错误之时。每个被他严厉批评的人，即使当时有点难堪和气愤，但回头想想，也心服口服。他很严厉，但他很清晰地传递了自己的原则和底线，也树立了真正的威信。

> 每个人都会发怒，这很简单。但向恰当的人，在恰当的时间，以恰当的动机、恰当的方法，表达恰当程度的愤怒，并不是每个人都能做到的易事。
>
> ——亚里士多德

假如你要大声地表达愤怒，不要踏入以下禁区：

- 不尊重他人，爆粗口（滚，傻，笨……）
- 就事论人，或者就人论事（就知道这事你干不成、你一向如此……）

即使再大声，依然以尊重对方为第一准则。

方式二：平静，但坚定地说

平静，但坚定地说的关键在于保障"效果"。也就是说，这种方式也许不能立竿见影，但不会引起沟通对象的反感，还有可能唤起他的同理心，从长期的角度来看，这种方式对产生持续效果更有作用。

- 说"事实"而不是说"臆测"

什么是事实？就是客观发生的事情。

什么是臆测？就是你因为客观发生的事情而产生的对于对方的"想象"。请注意，这是你个人脑海中的剧情，并不是真实的剧情。来看几个例子。

例子一，当你给男朋友打了好几个电话，他都没有回电话时。

说事实：我给你打了 3 个电话，你没有接，也没给我打回来。

说臆测：你就是不想给我回电话！

例子二，当你的搭档小 X 连着 3 次没有按约定时间给你提交文档时。

说事实：小 X，最近你有 3 次都没有按照约定的时间把文档提交给我。

说臆测：小 X，你是不是对我有什么意见？

例子三，当你在会议上数次被别人打断时。

说事实：今天你打断我 3 次了。

说臆测：你不尊重我。

例子四，当你给一位同事发了 3 次邮件却没有得到反馈时。

说事实：我发了 3 封邮件给你，但没有得到回复。

说臆测：你完全不重视我们的想法和意见。

请注意，没有回电话有很多种可能，正在忙、手机丢了、喝醉了等；没按约定时间提交文档也许有其他客观困难；打断别人发言也许是他的个人沟通风格和习惯，并不是针对你；不回复邮件也许是因为他还有其他的顾虑，并不是不重视你。如果你直接把自己臆测的情况说了出去，并据此责难对方，很可能引起对方的情绪反弹，沟通就会陷入僵局。

● 学着谈"个人感受"，但并不把自己的个人感受与对方的行为建立直接关联

个人感受是指你自己的情绪，这个情绪固然和对方的行为

有一定的关系，但并不是单纯由对方的行为引起的。谈个人感受的目的是激发对方的同理心，让对方更理解你的处境，并不是指责对方："你看，我这么难受，而你是始作俑者。"

还是刚刚的例子，当你的男朋友没有给你回电话时，你可以这么谈个人感受："你一直没有回我的电话，我很担心。"

当你的工作搭档小 X 连着 3 次没有按约定时间给你提交文档时，可以这么谈个人感受："你这么做让我很为难，特别是上次，我还在周末加了个班，我也好想赶快把这个事情搞定，周末好踏实休息。"

当你在会议上数次被别人打断时，你可以这么谈个人感受："我有好几次话都没说完就被打断了，我的思路也被打断了，所以我有点着急。"

当你发出的邮件没有得到回复时，你可以这么谈个人感受："我发了 3 封邮件给你，但没有得到回复，我很想知道到底是哪里出了问题。"

● 明确地表达正面期待

人们表达愤怒的最终目的，是期望对方能够改变行为，所以，你越能明确地表达期待，对方改变的可能性越大。同时，这个期待应该是正面的，用肯定的方式表达，而不是用否定的方式表达。

例如，当你的男朋友没有回你电话时，你说：

"你能不能重视一下我的感受。" ✕　不明确，太笼统。

"以后再有这样的情况，如果你不方便回电话，能不能在微信上告诉我一下？"√　明确，指出了你期望的具体行为方式。

再如，当你在会议上屡次被打断时，你说：

"你能不能别打断我？"×　用了否定的方式表达。

"等我说完你再表达你的观点，可以吗？"√　用了肯定的方式，表达正面期待。

● 综合应用

结合以上 3 点的几个要素，当你平静但坚定地表达自己的愤怒时，可以说出你观察到的事实、你体会到的感受，以及你的诉求和期待。

还是回到第一个例子，你的男朋友没有给你回电话，你可以尝试这么说：

"你一直没给我回电话（事实），我挺担心的（感受），还一直惦记着你，怕你出什么事了。结果原来是忙忘了（事实），我知道你工作忙，但你这样做，我当时真的很生气（感受），以后再有这样的情况，能不能在微信上告诉我一下（诉求和期待）？"

关于开会被数次打断的情况，你可以尝试这么说：

"不好意思，你打断了我几次（事实），我的思路被打乱了（感受），可以让我先把这个观点说完你再补充吗（诉求和期待）？"

以上就是表达愤怒方面的建议，从现在起，做一个会"生气"的人吧！

▶ B版本的故事

这次的故事主角还是晓希，在前面的故事里介绍过，她的职位是市场部的活动执行专员。这一天，晓希碰到了一点麻烦。

下午有一场新品发布的媒体发布会，其他布置的工作已经正常就绪，就差鲜花了。然而，约定的时间到了，花艺的供应商却没出现。晓希打电话过去，对方的对接人却一直不接电话。好不容易电话通了，那位对接人却说："晓希，不好意思啊，我今天临时有事休假了，我已经把这件事交代给另一位同事了。"

过了10分钟，对方的另一位对接人打来电话，说她记错了预订的进场时间，正在整理备货，会尽快送过来。

这时，晓希已经觉得有点不妙了，她迅速从手机通信录里翻出对方部门负责人的电话打了过去。电话通了，晓希说："雷总，今天我们有一场市场活动，一直是你们那边小艾负责的，现在临时通知我换了位对接人，刚刚又说配送时间会耽误1小时，我担心会出问题，您帮我叮嘱一下吧。"雷总连声应允，晓希又补充说："不是我不信任现在新换的对接人，实在是事情紧急，现在已经耽误了半小时了，不能再耽搁了，只能拜托您出面了。"

雷总效率很高，3分钟以后就回了电话，但是带来一个不太好的消息，他问晓希，原定的花材被另一个活动用掉了，现在凑不到足够的数量，能不能换一些其他的品种？

听到雷总的反馈，晓希非常生气，这供应商太不靠谱了，哪有这么办事的，她对着话筒坚定地说："雷总，我们不是第一次合作，您应该知道我们公司的原则。这次临时换对接人，现在又商量换花材，这个我们肯定是不能接受的。"雷总开始试图解释，晓希打断了他："现在不是解释的时候，我唯一的要求就是必须在 12 点前将原定的花材送到，我不管你们高价从其他同行那边调货，还是你们内部调配，我们就是这个要求，按之前的约定办事，没得商量。如果出现任何意外，那咱们就按合同办。"晓希平时说话都是慢声细语的，对待供应商的态度也一直非常友好，第一次听出她这么生气，雷总赶快应允下来，打电话张罗去了。

这件事最终有惊无险地结束了。晓希松了一口气，回想起来还是捏了把冷汗。在项目结束后部门的复盘会议上，她特别提到了这个小插曲，并且总结了经验：

（1）从自己改进的角度看，未来需要建立供应商的信用记录，加强对优质供应商的筛选。同时，即使对一直有良好合作关系的供应商，也不能掉以轻心，一定要在活动前进一步跟进。

（2）从应急处理的情况看，当时她判断雷总是有能力和能量来调配足够花材的，只是抱着侥幸心理想看看能不能从她这蒙混过关。她旗帜鲜明地表达了自己的愤怒，强调了自己的立场，也是这个态度让雷总意识到混不过去了，最终还是把花材配齐了。所以，对于合作伙伴而言，该客气时就得客气，该发火时还是得发火。

部门总监对晓希的总结表示认同。

练习8　　　　　　表达你的愤怒

回想上次你的愤怒情绪，来做一个练习。

1．觉察

给自己的情绪命名、定级，并建立意义。

2．判断

你的愤怒需要表达吗？在以下你所选择的选项前的□中打"√"。

□不需要。因为当时那个情况，多说无益。（如果依然难消气愤，请应用情绪 ABC 理论进行转换。）

□需要。因为我的原则和底线已经被侵犯，我需要让对方知道。

□需要。因为我希望对方能了解我的期待和诉求。

3．表达

● 你当时表达了吗？是如何表达的？

● 如果再给你一次机会，你会不会换一种表达方式？

● 你的选择是

□大声地，带着情绪能量说。

□平静但坚定地说。

描述事实：＿＿＿＿＿＿＿＿＿＿＿＿＿＿＿＿＿＿＿

描述感受：＿＿＿＿＿＿＿＿＿＿＿＿＿＿＿＿＿＿＿

正面表达期待：＿＿＿＿＿＿＿＿＿＿＿＿＿＿＿＿＿

第 3 部分

找到专注感
与掌控感
职场人的自我激励

做事情总是三分钟热度？常常给自己做计划，却总不能坚持？你是不是总是摇摆在两种情绪之间，一种是制订计划时的斗志昂扬，另一种是被欲望打败之后的自我责备？其实，很多人并不是天生就是意志力达人，他们只是找到了让自己更"自律"的方法，并进入了正向循坏。你，也可以试试。

11 【聚焦目标】
先定一个小目标

▷ **A 版本的故事**

职场新人路风，24 岁。他刚刚加入一家创业公司，在运营部门工作。这家公司已经获得了 B 轮融资，眼看着就要成为一家冉冉升起的独角兽新星，公司 CEO 林总刚刚年过 30 岁，就已经常出现在创业媒体的头条中。林总是路风的职场偶像，路风希望自己也能像他一样，在 30 岁时挖到创业的第一桶金。为了这个目标，路风真的很努力。

来看看路风的典型一天。

每天一早，路风会听着英文电台洗漱。

上班路上，通常是在得到 App 听订阅的专栏，最近还加了几个专业类的社群，社群里经常有微课语音分享，已经有点听不过来了。

到公司，先花 20 分钟读一下几个创投圈的微信订阅号的文章，未来要创业，必须要保持敏锐的商业嗅觉，所以要时刻关注行业趋势。

一天的工作总是很忙，加班的日子多过不加班的日子。但下了班还有很多事呢！路风对自己的要求是：

一周至少健身 3 次；

每周读完一本书（关注了好几个读书的公众号，从中选择推荐的图书）；

每周写一篇读书笔记，写完以后发到自己的微信公众号里，现在已经有 200 个粉丝了，路风希望能用原创优质内容吸引到 1 000 个粉丝。

最近，路风还在计划报一门运营课程，999 元，10 个专题，每周需要花 10 小时学习。算了算时间，加上周末，应该是可以忙过来的。

朋友看到路风忙成这样，劝他要放松点。路风想，放松？不行，年轻人，就得逼自己一把，不然你都不知道你自己的潜力到底有多大。路风在微信上曾经看过一篇文章《下班后干什么，决定了你的人生高度》，路风觉得非常有道理，现在的努力都是在为自己的未来累积价值。你们吃饭、逛街、看电影、打游戏，我用这个时间来看书学习充实自己，我觉得挺骄傲的。

半年过去了，路风的"to do list"上的事项越来越多，趁着"双十一"大促买的书都在书架上积灰；公众号每周都更新，但阅读量一路下滑；新买的运营课倒是一直跟着进度在学习，可是作业还没做完……

最让人沮丧的是，在半年度的绩效考评上，这么努力的路风只得到了一个 C，也就是部门的平均水平。路风有点想不通，自己看了那么多行业新闻，听了那么多大咖分享，觉得自己的思维水平已经明显提升了，最近出的方案自我感觉良好，可老板怎么就没看出自己的进步……而在上级眼里，路风是一个够勤奋、爱学习、懂得很多新概念和词汇，但不够接地气的小伙子。

昨天，总监在部门的微信群里转了一篇文章《为什么说大多数人都是低品质勤奋者》，路风困惑了，什么？难道我这么努力，竟然是低品质勤奋者？？我该怎么办？

⊙ 故事的背后

你可能会有疑问，路风看起来是个特别善于自我激励、超级自律的靠谱青年，他应该成为人们学习的对象，怎么现在变成负面案例了？

自我激励是一个非常宝贵，也非常难得的特质。然而，在自我激励并付出努力之前，更重要的是知道自己应该在哪个领域或哪些事情上投入时间与精力，不然就只能是白忙或瞎忙。

一起来看看，这么努力的路风到底哪里出了问题。

做对的事情和把事情做对

著名的管理学大师彼得·德鲁克曾经说："我们永远都在做两种选择，一个是选择把事情做对，另一个是选择对的事情做。这两者之间，选择对的事情做更重要。"

什么叫作选择对的事情做？就是从长期目标出发，分析现状，权衡利弊，区分轻重缓急，把有限的时间资源倾斜在最关键、最重要的任务上。

而把事情做对，是指找到科学的方法和工具，能够用更高的效率和更好的效果完成当下的任务。

路风的老板转发了一篇文章，提到很多人是低品质勤奋者。什么是低品质勤奋者呢？他们可能有如下的典型表现：

- 有很勤奋的"姿势"，或者说有很多勤奋的行为；
- 给自己很多压力，给自己划定了很多目标与任务，但没想清楚这些目标是否与自己的长期规划相关；
- 投入了很多的时间，但没有收到预期中的回报。

发现了吗？所谓低品质勤奋者的最大问题，是用"行为上的勤奋"抚慰了自己追求上进的心，但他们在努力之前，缺少了一个动作，就是思考和寻找"对的事"。这也是路风的典型特点。

所以，付出时间与精力之前，一定要思考与寻找，对于你而言，"对的事"到底是什么？

这个思考的过程需要探询：

围绕未来的远景目标，你现在做的事情都是必须做的吗？

哪些事是一定要做的？而哪些也许可以不做？

你要把更多的时间分配在哪些任务上？

对于一艘盲目的船来说，所有方向的风都是逆风。当你的努力朝着错误的方向和错误的任务前行时，再多的努力也不会导向成功。

自律和意志力也是一种资源

1. 他们为什么更优秀？从一个心理学研究说起

1990 年，有 3 位心理学家在西柏林中心的艺术大学做了一次研究，这个研究以一些小提琴演奏家为研究对象，得出了一个颠覆了人们传统认知的结论：优秀的演奏者并没有比相对普通的演奏者花更多的时间来练习。

以下还原一下整个研究的过程。

研究者们请学院的教授为他们选出一些杰出的小提琴演奏者，将这个组命名为精英演奏者。同时，他们选择了另一组演奏水平相对较低的学生，将之命名为普通演奏者。3位研究员将一份时间记录表提供给实验对象，请他们详细地记录自己是如何运用和安排时间的。

结果如何？最显而易见的猜测便是精英演奏者花了更多的时间来练习。然而，数据证明，人们的猜测是错误的，数据呈现出如下结论：

第一，两个组的演奏者们花在练习上的时间基本一致。

第二，虽然花的时间大致相同，但规划时间的方式表现出不同的特点。

精英演奏者们在有条理且有难度的训练上花的时间是普通演奏者的3倍左右。精英演奏者们将工作集中在两个明显的时间段完成。如果将他们的平均工作时间与每日活动时间相对比的表格描绘出来，你会发现两个显著的峰值，其中一个在早上，另一个在下午。越是精英的演奏者，他们的峰值越发明显。

第三，精英演奏者们会花更多的时间去放松，他们的睡眠时间比普通演奏者要多1小时。

2. 弹性而克制地应用自己的"自律"

从发生在西柏林中心艺术大学的研究中，可以得出这样一个推论：那些更优秀的人并不见得比普通人更勤奋。

勤奋是好品质，但并不意味着拼命地压榨自己的时间，就能取得更好的结果。因为自律和意志力其实也是一种资源，它并不是取之不尽、用之不竭的。

心理学家鲍迈斯特等人在研究中提出了自我控制的有限资源模型，他们认为，自我控制会消耗自我资源，而资源的总量是有限的，当资源被消耗完后，就会出现意志力薄弱的情况。但是，自我控制资源经过休息是可以恢复的。形象地说，意志力就像手机上的电量，每天早晨是充满电的，每次运用意志力来抵抗诱惑时，就相当于消耗了一些电量，最后电量耗光，人们就失去了抵制诱惑的能力。而休息、放松、睡觉都是充电的方式。

在意志力方面，的确存在个体差异。有的人更自律，就好像有些品牌的手机待机时间就是比其他品牌要长。当人们使用不同品牌的手机时，很清楚它们的待机时间边界在哪里，假如要带一个耗电快的手机出门一整天，你一定会记得带上充电线或充电宝。那么，你是否像了解自己的手机一样，了解自己意志力的边界在哪里？建议你去观察和寻找自己的边界，从而更节制地应用自己的意志力，并给自己留出更多的充电时间。

再来观察一下西柏林中心的优秀演奏者们，他们集中用峰值的时间练习更有难度的曲子，这正是在意志力最强的时候做最重要的事情；他们也给自己更多的时间睡眠和放松，这也是在给自己的意志力充电。著名的滑雪运动员谷爱凌也在采访中提到过，她每天的平均睡眠时间是 10 小时，睡足了觉，她就能在第二天更高效地投入训练和学习。

那么，正在读这本书的你呢？回想一下，你是否曾经信誓旦旦地下决心去学英语、学游泳、要早起、要健身，然后又都在坚持一段时间后放弃了？你感慨自己是个不够有意志力的人，但在感慨的同时，不妨先反思一下：你是怎么分配你的意志力资源的？你有没有把有限的意志力资源用在最重要的事情上？

少即是多

1. 帕累托原则无处不在

你一定听过一个名词，叫作"二八定律"。这个定律又被叫作帕累托原则，是由意大利经济学家维尔弗雷多·帕累托提出的。帕累托认为，世界上 20% 的人掌握了 80% 的财富。这个定律被逐渐引申到不同的领域，例如，20% 的忠诚客户为企业创造了 80% 的利润；公司里 20% 的核心员工为企业创造了 80% 的价值……

好了，不需要纠结具体的数字，因为这个比例可能是 80∶20，也可能是 82∶78，还有可能是 90∶10。总之，帕累托原则是要提示人们，原因和结果、投入和产出、努力和报酬之间本来就存在着无法解释的不平衡。有些事，你坚持做了很久，做到极致，也不见得会带来太多的回报，而有些事，只要你做对了，就会有巨大的回报。

小提示

再回顾一下之前介绍的两个要点：

- 要做对的事，而不是盲目勤奋；
- 自律和意志力是一种资源，要节省着用。

现在，结论呼之欲出：你需要找到对的事，然后把有限的时间资源和意志力资源投入这件事情上。只有懂得这样做，你才能用 20% 的投入撬动 80% 的价值回报。

2. 从定一个小目标开始，锁定你的"对的事"

万达的大当家王健林在一次采访中提到："先定一个小目标，比方说我先挣它一个亿。"这句话流传甚广，常被人们拿来调侃。

其实，当时王健林接受鲁豫采访的原话是这样说的："很多年轻人，有自己的目标，如想做首富，有这个想法，是对的，是奋斗的方向。但是最好先定一个小目标，比方说我先挣它一个亿。"王健林说得没错。要找到"对的事"，需要从定一个小目标开始。

还是看看路风，他的目标是 30 岁时成为一个创业公司的老板，围绕这个目标，他有很多的行动计划：听得到专栏，看各类财经、创投圈行业评论，学英语，每周读一本书，写公众号，上运营课……

看起来，每个行动都和长远目标有一点相关性，然而，这些看起来都很有必要的事情如果一起做，精力太分散，意志力的电量不够，反而很难坚持下来。如果从一个小目标开始，行动计划就会完全不同。

《最重要的事，只有一件》书中介绍了一个寻找当前优先事务的工具，叫作倒推法[①]。它是指在考虑长期目标的基础上，一步步往回考虑，倒推出现在最重要的事。如图 11.1 所示，应用倒推法找到小目标。

长期目标
我的长期目标是什么？

5年目标
鉴于长期目标，未来5年最重要的事是什么？

年目标
基于5年目标，本年最重要的事是什么？

月目标
基于年目标，本月最重要的一件事是什么？

周目标
基于月目标，本周最重要的一件事是什么？

日目标
基于周目标，今天最重要的一件事是什么？

图 11.1　应用倒推法找到小目标

同样是在这本书中，作者介绍了一个有趣的实验。2001 年，旧金山科学博物馆的一位物理学家用 8 个胶合板做成的多米诺骨牌展示了一场表演。第 1 块骨牌约高 5 厘米，而之后的每一块骨牌都比前一块大 50%。以此类推，第 8 块倒下的骨牌已经

---

① 加里·凯勒，杰伊·帕帕森. 最重要的事，只有一件 [M]. 张宝文，译. 北京：中信出版社，2015.

高近 92 厘米。实验中没有第 9 块骨牌，假如在头脑中继续这个实验，当骨牌继续按 50% 的比例扩大时，第 23 块将超过埃菲尔铁塔，第 31 块将比珠穆朗玛峰还高，而第 57 块，竟然足以到达月球！

看到了吗？这就是由小及大的能量。而刚刚的倒推目标，就是在一块一块地摆出你的多米诺骨牌。你的第 1 块骨牌也许并不起眼，但它就是你的"对的事"！

在我看来，"最重要的事，只有一件"，这里的"一"并不是一个实际的数字，只是一种让自己更专注、更聚焦、懂得做减法的理念。就拿我写这本书为例，我的长期规划是成为一名具有专业影响力的咨询顾问、培训师，基于这个长期目标，我倒推出"一年内写一本职场情商类书籍"的小目标。我的生活中有两个核心任务是必不可少的，一是日常工作，二是承担部分育儿工作。在此之外，怎样才能在一年之内写出一本书呢？我围绕这个小目标做了很多减法：只看积极心理学、社会心理学相关的图书；由于我的工作性质，有很多免费课程可以听，我需要控制住自己去薅免费羊毛的冲动；这一年公众号暂停更新；健身、学跳舞、学化妆……这些常常冒出来的小念头，也都被我消灭在萌芽状态。

当这个小目标完成后，我会再为自己定下一个小目标。

找到对自己当下最重要的事，删掉待办清单上那些做或不做都行的事，才能真正用 20% 的投入撬动 80% 的收益。记得，少即是多。

路风有没有找到自己的小目标？来看看 B 版本的故事。

◉ B 版本的故事

职场新人路风，24 岁。他刚刚加入一家创业公司，在运营部门工作。这家公司已经获得了 B 轮融资，眼看着就要成为一家冉冉升起的独角兽新星，公司 CEO 林总刚刚年过 30 岁，就已经常出现在创业媒体的头条中。林总是路风的职场偶像，路风希望自己也能像他一样，在 30 岁时挖到创业的第一桶金。为了这个目标，路风真的很努力。

路风有很多想做的事，学线上课程、看各种专栏、看大咖和老板们推荐的书、写公众号、学英语、健身……可是，如果都做，时间真的来不及，怎么办？

路风尝试着寻找自己的优先事务。

首先要思考的是，未来的长期目标是什么？

● 找到一个切入点，要创办属于自己的公司。

那基于这个长期目标，未来 5 年最重要的事情是什么？

● 应该成为某一个领域的资深从业人员，在这个领域内形成知识体系，有自己的方法论和商业洞察。

那基于 5 年目标，未来 1 年最重要的事情是什么？

● 这么看来，未来 1 年内应该先专注在一个领域进行理论学习和实战经验积累。就选自己现在从事的运营工作！

那基于年目标，未来 1 个月最重要的事是什么？

● 学完自己刚刚购买的运营课程，并且能在工作中应用。

那基于月目标，未来 1 周最重要的事是什么？

● 要合理规划时间，保证每天学习 2 小时，确保 1 周可以完成两个模块的学习。

所以，今天最重要的事又是什么？

● 根据昨天学习的内容先来复盘刚刚做完的项目，找出改进点。然后学完今天的课程内容。

根据目标倒推，路风确定了可行的学习节奏和计划。学英语可以用碎片化时间来做，写读书心得、发公众号都先暂时放一放，健身还是继续坚持，毕竟身体是革命的本钱。

在明确目标的激励下，路风保证了良好的学习进度。他每次学完一个模块都会尝试思考如何应用在现在的工作中。一个季度过去了，路风的工作思路开阔了很多。实现了这个小目标的路风，又开始规划下一个小目标。

练习9　　　找到属于自己的小目标

你未来的长期规划是什么？对于大多数的职场新人来说，可能没有路风如此宏大的目标。但这并不意味着，你不需要做长期规划。如果你不希望虚度你的闲暇时间，那么，要干点什么呢？

试着做一个目标倒推，找到你的小目标和发力点。

使用目标倒推法把你的各层级目标填写在表 11.1 中。

表 11.1　各层级目标

未来的长期目标是什么	
基于长期目标， 未来 5 年最重要的事是什么	
基于 5 年的目标， 未来 1 年最重要的事是什么	
基于年目标， 未来 1 个月最重要的事是什么	
基于月目标， 未来 1 周最重要的事是什么	
基于周目标， 今天最重要的事是什么	

12 【培养自律】

你想吃到第二块棉花糖吗

▶ A 版本的故事

曼曼和路风是同班同学，现在就职于某家大型国企，是一名人事助理。

曼曼对目前的工作状态挺满意，朝九晚六，每个月初忙上几天，其他时间都还算清闲。晚上和周末追追剧、逛逛街，曼曼觉得知足常乐。

可最近的一次同学聚会上，曼曼有点被打击到了。几个大学同学纷纷表达自己最近都在工作之余忙着各种事情，有忙着考雅思想明年出国再拿个学位的，有做自媒体攒了好几万粉丝的……路风还给曼曼上了一课："没有哪份工作能一做就做几十年，国企是挺稳定，但你得想想，再过 5 年你的核心竞争力是什么？假如要离开现在的企业，别的公司为什么会雇用你？你的不可替代性是什么？"

曼曼在饭桌上怼了路风几句："没上几天班，你怎么爹味这么浓。"可回家路上，曼曼思来想去，觉得路风说的话挺有道理，自己虽然不想当女强人，但好歹也是个名牌大学的毕业生，不能允许自己在未来失去竞争力。曼曼咨询了一些过来人的意见，决定先考一个人力资源管理师的证书。做出这个决定有几方面的考虑，第一，曼曼大学专业学的是行政管理，现在做 HR，考一个专业证书正好可以补补课；第二，等证书考下来也可以向领导申请转岗去 HR 的其他模块工作，多学习一些人力资源的核心模块，也为以后的职业发展打下基础。

决心一下，曼曼马上就开始行动。先把教辅资料全买齐，再来制订个学习计划——每天下班自学两小时，周末用半天时间再把一周的知识点做个回顾。

第 1 周坚持得还不错，前四天都完成了读书计划，曼曼心里还挺得意，周五晚上有同事约她一起去逛街，读书计划泡汤了。曼曼想，没关系，周末两天可以再补回来。谁知道计划赶不上变化，周末被闺密拉去郊区玩，回来以后累得要命，拿起书翻了一页又放下了。

第 2 周，曼曼的学习计划保持了 3 天。

第 3 周，正好赶上一个月最忙的时间段，曼曼加了几天班，终于搞定了，学习计划当然也泡汤了。

第 4 周来临了，曼曼想要恢复学习计划，可再也提不起当时的心劲……

▷ 故事的背后

你有没有在曼曼身上看到自己的影子？

那些大学时代永远从 A 开始，却从来没有背到过 H 的单词书；

那些买了却没能学完的在线课；

那些想要早睡却又在追剧之中消磨掉的夜晚……

以上种种，是你吗？

别太难过，因为，你真的不是一个人！

曾经有好事之人专门分析过健身房的开卡数据，发现每年
1 月的办卡量总是最高的。因为，有太多的人，喜欢在一年开
始的时候雄心满满地做计划，告诉自己"这是新的一年，我要
活出一个新的模样"。然后，在 2 月、3 月，又渐渐地回到了
原来的生活轨道。

缺乏意志力这件事，有药可救吗？

意志力是一种能力，你要不要培养它

20 世纪 60 年代，斯坦福大学的瓦尔特·米舍尔博士在幼
儿园做了一个实验。实验对象是 500 多名 4 岁的小朋友，这
些小朋友被研究人员单独带入一个房间，每个小朋友都会拿
到一块棉花糖和一个铃铛。研究人员告诉他们，他过一会儿
就会回来，假如他回来时小朋友还没有吃这块糖，就还可以
再得到一块。假如小朋友等不了，也可以随时摇铃，并吃掉
这块。

研究员说完这句话就离开了，摄像头会记录下接下来发生
的事。

有些小朋友第一时间就把棉花糖塞进了嘴里；

有些小朋友一开始没有吃，后来忍不住了就舔一小口，然

后再咬一小口，最后还是一点一点地吃完了；

有些小朋友为了抵制诱惑，会用手蒙上自己的眼睛，嘴里还念念有词来分散自己的注意力。

研究员在 15 分钟后回来，有 30% 的小朋友等到了第二块棉花糖。

然而，实验并没有结束。14 年后，瓦尔特·米舍尔博士对当年的孩子们进行了追踪，发现那些坚持等待并得到了第二块棉花糖的小朋友在学业成绩上会有更好的表现，与那些忍不住马上吃掉棉花糖的孩子相比，他们的 SAT 平均分要高出 210 分。

除了学业成绩，那些等待时间长的小朋友在其他方面也显示出了一定的优势，例如 BMI 指数（Body Mass Index，身体质量指数）更健康，社交能力更强等。

研究者特别提到，这次实验中的小朋友的父母基本上都是斯坦福大学的教师和研究生，他们在家庭背景上并无太大差别，而他们在实验中表现出的最大差别就是"自我控制能力"的高低。

这个实验在美国也引起了很多人的关注，长期以来，人们把智力当作预测成功的重要因素，而棉花糖实验颠覆了人们的认知，原来自控力和意志力更能预测人们未来的表现！

没错，意志力是一种宝贵的能力，如果要探索这种能力的本质，那么，它应该是人们控制自己马上享乐的冲动，在短期奖赏与长期奖赏（往往更有价值）之间做出选择的能力。这种能力被心理学家们称为"延迟满足"。

那么，到底要不要培养自己的意志力？

假如你对现状满意，暂时不想勉强自己，也不打算给自己制定一些需要意志力才能完成的目标，你的价值观是：有一块棉花糖吃就挺好了，并不想勉强自己要多一块。那么，我尊重这种个人选择。

但假如，你会常常摆荡在两种情绪之间，一种是制订计划时的斗志昂扬；另一种是被自己的欲望打败之后的自我责备，想吃到更多的棉花糖，但又纠结于自己不够强悍的意志力。那么，不妨来思考一下，应该如何做出改变。

培养意志力的一些"操作性技巧"

缺乏意志力的本质是什么？是无法与自己的短期欲望进行对抗。这本来就是人性。

了解人性，是知道普遍规律。探索自己，是明晰个体差异。在此基础上，人们才有可能更好地激励和约束自己。以下给出一些具备操作性的方法，并不见得每个都对你有效，你可以在探索与了解自我的基础上，从中选择适合自己的方式。

1. 开启行动前：问问自己"你到底有多想要"

贾玲导演在拍摄电影《热辣滚烫》时，用不到一年的时间减重 100 斤。很多观众（包括我）在看完电影后被乐莹的故事深深触动，开始为自己制订运动计划，但相信大部分人都没有坚持下来。

为什么？因为大部分人都是因为一时的冲动情绪去制订了

减重或运动计划，但贾玲却是深思熟虑的，她知道自己到底要什么，减重背后是她关于电影与导演的梦想。

所以，贾玲也在采访中提到过，这部电影其实无关减肥，甚至无关拳击，这是一个女孩蜕变的故事，而蜕变的动力是她真正想清楚了自己内心想要什么样的生活。

回想一下你的人生中，最有意志力的一个阶段是什么时候？

儿时为了获得暑假去迪士尼的机会努力备考？考研时连续半年去自习室复习？工作后为了啃下一个客户而加班加点？

至于我，最有意志力的一个阶段，应该是在怀孕时期。作为一个极度不爱运动的人，那段时间我坚持每天午饭后去户外快走30分钟；如果因为工作忙，中午没能走成，晚饭后就一定会补上；如果遇上雾霾天，我就在房间里用其他方式来补上。工作忙和天气不好，从来没能成为借口，因为医生告诉我，要保持一定的运动量，自然分娩时会更容易，而这个目标对我非常重要。

作为并不是太有意志力的大多数人，为什么人们在某一个阶段可以做到突破自己？因为彼时彼刻，心中有一个无比渴望的明确"目标"。

所以，在每一次想要开始一个需要动用"意志力"的计划之前，不妨问问自己这几个问题：

- 这件事对你的价值是什么？
- 如果你做到了，你会得到什么？做不到，你会损失什么？

- 这个目标真的是你真正渴望的吗？（请注意，渴望不等于愿望，两者之间的迫切程度完全不同。）

当你真正用这些问题来审视自己内心的时候，你就能发现，如果坚持每天学英语的原因只是因为同事们在做，你也想跟个风，那可能真的很难坚持，因为你并没想好这么做的价值到底是什么。但如果你明确地期望 1 年之后可以顺畅地用英文交流，然后获得一个梦寐以求的工作，那你坚持下来的可能性就会变大很多。最重要的事只有一件，而是否"重要"的衡量指标之一，就是"你到底有多想要"。

> **小提示**
>
> 反复自我提问的过程中，你会完成对自己的"心理承诺"。
>
> 看到内心的渴望，才能找到最真实、最长久、最蓬勃的动力。

2. 开启行动时：大目标是方向，小目标是节奏

定目标，是个老生常谈。Flag 常常立，也常常倒。如果之前定的目标没能有效地激励你，可能是你打开目标的姿势不对。那么，什么样的目标能真正起到激励作用呢？

首先应该做的是寻找自己的"对的事"；其次从这件事出发，给自己定两种不同的目标，一种以"结果"为导向，是大方向，另一种以"行动"为导向，是日常节奏。这两种目标所发挥的作用是不同的。

- 以结果为导向的目标

以结果为导向的目标描绘了你的自律和坚持最终带来的结果是什么。例如：

- 半年内减重 10 千克。
- 在年底考过雅思考试。
- 用 1 年的业余时间写完一本关于职场情商的书（没错，这是我的真实目标）。

围绕这个目标，你可以展开一个有声音、有画面，甚至有气味的想象，然后用这个想象来对抗你当下的欲望和惰性。

而当我树立写下一本书的目标时，我也会时常想到这样一个画面：一本装帧精致的书，扉页上印着我的名字和个人介绍，我翻开它，闻到那种新书特有的墨香，心里充满着欣喜和骄傲。这个画面中的情绪体验给了我很大的诱惑，这些想象让我的目标变得更加有张力了。

这就是"带有画面感和情绪体验的结果"作为目标所产生的作用。

- 以行动为导向的目标

以结果为导向的目标可以激发你的渴望与斗志，但这个目标即使看起来合理且具体，也是距离你很遥远的。当你以这个目标为终点时，还要关注达到终点的路径与过程。所以，你还需要制定以行动为导向的目标，这个目标可以用来指导和规范你每一步的具体行动步骤，并帮助你逐渐接近终点。

还是用上面 3 个例子。

例子 1

- 以结果为导向的目标：半年内减重 10 千克。
- 以行动为导向的目标：每天晚上跑步 5 千米。

例子 2

- 以结果为导向的目标：在年底考过雅思考试。
- 以行动为导向的目标：每周 4 个晚上学习英语，每次不少于 2 小时。

例子 3

- 以结果为导向的目标：用 1 年的业余时间写完一本关于职场情商的书。
- 以行动为导向的目标：每周六下午固定为写作时间，每次完成 3 000～5 000 字。

而在接近最终目标的整个过程中，还可以根据客观情况的变化来不断调整以行动为导向的目标，如在减重的过程中，当你发现跑步作用可能不明显时，可以把以行动为导向的目标修订成调整饮食结构；而在写作一本书的过程中，假如这段时间状态很好，也可以把以行动为导向的目标调整成每周写作两个半天。

3. 行动过程中：尝试各种对抗懒癌的小技巧

- 给力的小伙伴

加入一个小群体，被具有同样目标的小伙伴们鼓舞和激励，是帮助自己坚持的好办法。还可以在小群体里加一点其他的约束条件，如日打卡＋一点点物质惩罚。具体的操作办法很简单，和你的小伙伴们约定好，先交一点活动押金，每日完成行动目标后，在微信朋友圈或其他有打卡功能的 App 上打卡。以周或月为周期，坚持打卡则可以获得押金返还，没有完成打卡的同学的押金平分给其他小伙伴。

别小看这几十块钱的彩头，很多人会因此而坚持下来，这背后是"厌恶损失"的心理机制在发挥作用。

- 自我奖赏

人们为什么喜欢玩游戏？其中有两个重要的原因，一个是过程中的掌控感和成就感，这本身就是一种自我的内在奖赏；另一个是外在的奖赏，如在游戏排行榜上的积分上升、游戏中爆出的超级装备等。

可以给自己制造"被奖赏"的感觉吗？当然可以。

有些在人们眼中超级自律的人，为什么让人觉得他们非常辛苦甚至自虐，而他们自己甘之如饴呢？因为他们在做这个行为的过程中体会到了掌控感和成就感，这是他们的自我强化和奖赏。试着回想一下，你按期完成学习或工作计划时的心情，有没有很充实、很有掌控感？记住这种感觉，并为了这种感觉继续保持你的行动计划，在不断坚持与体会掌控感的过程中，你会逐渐形成自己的正向循环。

同时，也可以给自己制造外部奖赏。

我在写这本书的过程中，就会给自己刻意制造一些外部奖赏。例如，我给自己规定，每写完一个章节，就去买一条心仪已久的裙子或享受一次大餐。事实上，这些物件本来也是要买的，但将购买或消费行为和写作产出的节奏关联起来，有一种靠自己的努力获得奖赏的欣快感。这并不是自欺欺人，而是一个调整自我认知与归因的过程，试试吧，也许对你也有效。

● 控制好你的关键时刻

当你在践行"行动目标"时，试着感知一下，哪些时刻或哪些举动有可能成为你的关键控制点，可以把它们称为"关键时刻"和"关键行为"。

例如，你的目标是每天慢跑 5 千米，你会发现，你的"关键时刻"是按约定时间要出门的那一刻，那"关键行为"是开始换衣服和穿鞋。通常情况下，只要能换完鞋子，就能完成这个慢跑目标，而如果一念之差，你在本来要出门的那刻窝在了沙发上，今天的目标就泡汤了。

在我写这本书的过程中，我发现"每个周六下午背着电脑出门"就是我的关键时刻和关键行为。只要我带着电脑走进咖啡馆，我就会切断看闲书、刷微信、浏览无关网页的干扰动作，切换进思考和输出的状态。有时候周末犯懒，犹豫要不要休息一下的时候，横下心背着包走出家门，进入咖啡馆，当天的产出就有保证了。

> **小提示**
>
> 开启行动时定两种目标：以结果为导向的目标，给自己大方向；以行动为导向的目标，给自己小节奏。行动过程中，借助一些外部动力，正视自己的小惰性，承认自己要靠督促，不丢人。

不要奢望一口吃成个胖子（这是一口反鸡汤）

科比，在他的 NBA 征程中，得过 5 次总冠军，17 次全明星。当记者问他为何如此成功时，他说："你知道洛杉矶凌晨4 点是什么样子吗？洛杉矶凌晨 4 点时满天星星，有寥落的灯光，行人很少；而我已经起床行走在黑暗的洛杉矶街道上。一天过去了，两天过去了，十多年过去了，洛杉矶黑暗没有丝毫改变；但我已变成了肌肉强健，有体能、有力量、有很高投篮命中率的运动员。"

李嘉诚，驰骋商海的前华人首富。能够让他成功的，除了他敏锐的商业头脑、果断的决策能力，还有他闻名于华人商业圈的勤奋自律。据说他的作息时间非常规律，不论几点睡觉，一定会在清晨 6 点起床，读新闻、打高尔夫，然后去办公室开始工作。数十年如一日。

你以为我是想拿这两位杰出人物高度自律的例子来激励你吗？不，不。

我是想说，拿这些励志故事对标自己不见得能有作用，因为我们距离他们的境界实在太遥远。我们需要对自己有准确而清醒的自我认知，大多数人都是意志力有限的平凡人，只有认识到意志力是一种有限的资源，才能根据自己的底线制定切实可行的规划。不要奢望一口吃成个胖子，一天前还是下班回家就追剧或打游戏，一立志就要早起读书、背单词和锻炼身体，这样对自己有"超高标准"要求的结局，有可能反而是坚持几天后一松懈便打回原形。

从小目标开始，从一个小习惯的养成开始，让自己渐渐变得更有意志力，这反而是更切实也更有效的路径。

让自律逐渐变成习惯（这是一口带勺的鸡汤）

意志力是一种资源，你每次使用它，就会损耗掉一些。

但是，在某种情况下，你的自律行为可以不再损耗你的意志力资源。

这种情况，叫作"成为习惯"。

回想一下，你每天早上起床后叠被子吗？对于习惯叠被子的同学而言，这就是一件顺手做的事情，并不需要克服惰性。

我问过一位酷爱跑步的朋友是如何坚持跑步的，她本来是和我一样没什么运动天分的人。她说开始尝试跑步时有过很痛苦的阶段，但后来坚持下来慢慢变成了习惯，就变成了自然而然的事情，现在有时出差几天没跑反而觉得难受。

这种现象其实也可以用物理学的"惯性"来解释。当你想要让一个物体动起来时，你需要给它一个外在的力量，因为有惯性，当它动起来之后，在没有外力的情况下，就会保持着匀速运动，除非你再给一个相反的力，它才会停下来。这就好像你要开始一项行动计划时，你需要使用自己的意志力才能让这个计划真正被执行，而当你的行动逐渐成为习惯以后，你就不需要再调动意志力资源来维持这项行为了。

所以，假如你真的想成为科比或李嘉诚那样在多个方面都超级自律的人，虽然不能一口吃成个胖子，但是你可以尝试一口一口慢慢吃成个胖子。也就是说，先想想你当下最重要的事是什么，把你有限的意志力用在约束自己做这件事情上，然后等它渐渐成为习惯后，你可以不用耗费太多意志力资源就可以自然做到，然后，再去寻找下一个发力点。

那么，养成一个习惯需要多久？人们常常说21天养成一个习惯，事实上，可能还需要更长时间。

伦敦大学学院的健康心理学家费莉帕·勒理在一项研究中得到一个实证数据，她要求96名参与者每天重复一项与健康相关的活动，如固定的时间喝一杯水、某个时段跑步15分钟等。研究发现，参与者们平均需要两个月来形成一个习惯，而具体的数字是66天。

现在，不妨思考一下，你将从哪一件小事开始？你的每一步，都是在帮助你成为"更赞的自己"。

▷ B 版本的故事

这一次，并没有关于曼曼的 B 版本的故事。

因为，形成 B 版本故事的所有方法和路径，都已经在"故事的背后"里介绍了，而曼曼，实际上也可能是你们中的每一位。

期待你们能从本书的方法中，真正找到适合自己的方法，然后写出属于自己的 B 版本故事。

B 版本的你＝更好的你（better you），你可以拥有。

练习10　找到适合自己的方法来培养自律

你找到自己目前最重要的事了吗？

这件事是 _____

（1）问问自己：这是你真正想要的吗？你到底有多想要？

（2）想想：如何发挥目标的激励作用？

- 写下你的"以结果为导向的目标"。

- 建立关于这个目标的画面想象。

假如你的目标实现了，你头脑中出现了什么画面？会有什么声音？你会有什么样的情绪体验？

- 带着对刚刚那个画面的憧憬，制定你的"以行动为导向的目标"。

请写下来每天或每周的具体目标。

（3）想想：你准备如何对抗懒癌？

- 你准备给自己找一起完成行动目标的小伙伴吗？如果有，请写下来。

- 你们准备用什么样的方式来互相监督？

- 要不要给自己设置一些奖赏？你享受这个奖赏带来的愉悦感吗？

- 为了完成每天的行动计划，尝试寻找你的"关键行动"和"关键时刻"是什么。如果有，请写下来。

13 【对抗无助】
撕掉你给自己贴的标签

▶ **A版本的故事**

这次是连续剧。故事的主角还是曼曼。

来想象一下，假如曼曼用到了上个章节介绍的方法。她认真思考了考证这件事对自己的意义，确定这就是自己想要的。她又制订了更具体的行动计划，还找到了3个有相同目标的小伙伴，建了微信群，相互督促，互通有无。

这个方法还是有用的，曼曼坚持了两周，每周都完成了预先制订的计划。

两周之后，曼曼根据原来早就制订好的计划和爸妈去泰国旅游，打包行李时，她还把书装到了行李里，想着飞机上有空就看一会，每天晚上也尽量抽空翻翻，哪怕看不了两小时，保持着读书的节奏就行。

结果呢？当然如你想象，两本书，原封不动地带了回来。

再然后呢？

中断了一周的读书节奏，怎么也续不上了，度假回来的第1周，曼曼只读了两天书。曼曼觉得很沮丧和自责，周末的时候下定决心要追赶进度，可又因为各种莫名其妙的原因就耽搁到了周日下午。曼曼想，这个周末反正是赶不上了，从下一周开始加油吧，于是晚上也用来追剧了。

第 2 周，所有上周发生的情节全部重演一遍。曼曼继续陷入沮丧与自责之中。

眼看离考试时间只剩下半个月了，按照目前的节奏，无论如何也学不完了。曼曼回想起自己以前每一次制订计划又放弃后的经历：

某一年想要坚持跑步，坚持了两周后来就越跑越少。

曾经想要每天下班给自己做少油少盐的健康餐，还专门买了好多餐具，后来餐具都闲置了，还是继续天天吃外卖。

她想："我就是个没毅力没耐性的人，这次就这么着吧。考试报名费都交了，到时候随便去考考，能过就过，不能过明年再说。反正今年拿了证对我也没什么大用。"

▶ 故事的背后

曼曼的情况，用通俗的话讲叫作"破罐子破摔"，而在心理学上，有一个学术名词来描述这种现象，叫作习得性无助。这个概念由积极心理学家马丁·塞利格曼提出，是指一个人经历了失败和挫折后，面对任务或挑战时产生的无能为力的心理状态。

无助感会让我们失去希望，也丧失动力，甚至放弃努力，偏离朝向目标的轨道。在机会面前，使劲摆摆手，说我不会、我不懂、我不行、我不敢。然后，进入更不行、更不敢、更不会的恶性循环。

如何走出习得性无助？

| 实验室里发现的习得性无助

马丁·塞利格曼在 20 世纪的心理学实验室中用狗作为实验对象，向人们展示了动物们是如何变得"无助"的。

实验者们把狗分成 3 组，这些狗会被放在一个可被观察的大箱子中。

第 1 组狗会被电击，但同时，它们只要用鼻子去推墙上的一块板，电击就会停下来。所以，它们是有控制力的。

第 2 组狗同样会被电击，它们所承受的电击和第 1 组的强度与次数相同，但无论它们做什么，都无法让电击停止。

第 3 组是控制组，不接受任何电击。

经过一段时间后，实验者把 3 组动物都放进一个箱子里，在这个箱子中，当其中一侧被电击时，动物们跳过矮闸到另一侧，就可以躲避电击了。结果如何？第 1 组动物用了几秒就发现可以通过跳过矮闸来逃避电击；第 3 组，那些从未被电击过的狗也很快掌握了这个窍门；而第 2 组狗，它们停留在有电击的这一侧，没有做出任何尝试。

为什么会发生这种情况？对第 2 组狗来说，它们也曾经在被电击的时候尝试逃跑，最后发现于事无补，它们最终得到了这样一个认知——"不管我们怎么努力，结果都不会改变"，于是，当换了一个箱子时，即使它们有条件逃避电击，它们仍然放弃了努力。这个现象被命名为"习得性无助"，这种无助的感觉是通过过往的经验逐渐"习得"的。

生活与职场中的"习得性无助"

习得性无助不仅发生在实验室中，也会发生在职场中。

我是一个新入职的电话销售，我的工作就是每天不停地打出电话，向电话那一端的陌生人推销产品。第一天上午，我打了 30 个电话，没有一个通话时长超出 15 秒，每次电话被挂断时，听筒里的嘟嘟声真是让人觉得无比难受。到了下午，我一点拿起听筒的勇气都没有了。周围的人都在哇啦哇啦地跟客户讲话，只有我在发呆，哎，我应该不是干这行的料。

这个用"第一人称"讲述的故事，就是生活和工作中的习得性无助。正如马丁教授在他的书中所说："习得性无助是一个放弃的反应，是源自'无论怎么努力都于事无补'的想法。"

习得性无助会带来放弃。在有些情况下，懂得放弃无谓的努力是人们学习避免遭受伤害的一种方式，也是成熟和智慧的表现。但这种放弃应该是基于对客观现实的理性分析与判断，而不是基于兜兜转转之后深刻的无助感和无力感。当人们因为"无助感"而放弃时，其实是给自己贴了一个标签，标签上写着"我压根做不成这件事"，于是彻底失去了再次尝试的勇气。

反观职场中的佼佼者，他们会有一个共同的特质，就是不给自己设限，他们不会轻易地说"我不行"，而是总保持着这样的心态："即使不成功也没关系，我总可以试试看。"

为什么会出现"习得性无助"

为什么在同样的打击之下，有的人越挫越勇，有的人会轻言放弃？

马丁·塞利格曼在他的理论中提出，个体在不同的成长环境和教育方式下逐渐形成了不同的"解释风格"，也就是人们的归因方式，当个体更倾向于把问题的原因解释为"稳定的""内在的""普遍的"因素时，就越容易产生习得性无助。

所谓稳定的，是指这个原因会稳定持续地存在，不会因为时间不同而改变；所谓内在的，是指和个人特质或能力有关的原因，只要是这个人去做，那结果就不会改变；所谓普遍的，是指在大多数情况下这些原因都会存在。

假如以刚刚讲到的电话销售员为例，当他打出 3 个电话，但都很快被人挂断时，他可能这样解释：

- 人们都不爱接这样的推销电话（普遍的原因，大多数人都这样，很难改变）；
- 我自己没有办法让人们在短时间内愿意听我继续说下去（内在的原因，与个人能力和特质有关，短时间内很难改变）；
- 这种电话销售办法有问题，根本行不通（稳定的原因，靠自己很难改变）。

在以上这样的解释之下，他很容易产生无助感，从而放弃努力。

但那些成功的电话销售会怎么解释失败的 30 个电话呢？他们会想：

- 今天上午运气不太好，下午应该就好了（非稳定的原因，随着时间可以改变；非内在的原因，不是我自己的能力有问题）；

- 这些人恰好不是我的目标客户（非普遍的原因，换一些客户就好了）；
- 这个时间段恰好不是打电话的好时机，换个时间段应该会不一样（非稳定的原因，试试其他时间段）。

于是，他们稍作调整后重新开始尝试。

小提示

当你把挫折归结为普遍、稳定、内在的因素时，就会越来越深地陷入无助，觉得做什么都没有用，干脆什么都别干，躺平吧。而另一种归因方式可以帮助你维持努力的动力，努力并不必然能带来成功，但至少带来更多可能性。

在硅谷流传着这样一句话：悲观者往往正确，乐观者往往成功。我想把这句话改动一下，会更符合我此刻想要传递的理念：悲观者可能正确，乐观者持续前行。

撕掉给自己的标签

"习得性无助"的状态可以改变吗？不容易，但可以试试。

1. 使用情绪 ABC 理论工具

假如你曾经为"习得性无助"带来的沮丧感所困扰，那可以尝试情绪 ABC 理论工具，通过觉察、辩论来撕掉自己贴给自己的标签。

还记得在情绪 ABC 理论中讲到辩论时的核心吗？就是要打破自己 3 种不合理的理念，分别是：

- 绝对化的要求；

- 过于概括化的想法；

- 过于夸大的糟糕想法。

为了对抗习得性无助，还可以找出自己是不是在做一些对"稳定的""内在的""普遍的"因素的归因，并尝试着和这些归因来进行自我辩论。

之后在 B 版本故事里会用曼曼的故事来做个示例。

2. 发现你"真正想做的事"

当曼曼要放弃时，她想到了自己过往的好几次制订计划的经历。跑步、背单词、自己做饭，每次都是信誓旦旦地开始，然后灰头土脸地结束。于是，她给自己贴上了标签："我就是一个没毅力的人。"伴随着在不同事件上的挫败，习得性无助开始扩散和泛化，于是她从整体上否定了自己。

其实回想起来，很多时候人们没有真正坚持下来，很可能是因为没有在最初明确"坚持"这件事到底对自己有多重要。

假如每次给自己制订计划时，都是一时兴起，或者看到别人这么做，也跟着凑个热闹，那结局往往只能以"放弃"收场。而这样做的负面作用就在于，在一次又一次"自己没那么想要"的事情上遭遇"制订计划—三分钟热度—冷却—放弃—自责"的循环，最后难免会在数次放弃带来的消极情绪体验后给自己贴上一个"没意志力"的标签。

所以，要撕下这个标签，还是要从找到自己真正想做的事情开始。当你在"对自己真正重要的事"中体会到小小进步时，你会更愿意坚持，进而获得更多成就感与掌控感，这时，你就建立了一个正向的循环。

⊙ B 版本的故事

在同学聚会上受到了刺激的曼曼，决定也要开始向同学们学习，不再荒废业余时间。她报名了人力资源师资格证书考试，还找到了 3 个小伙伴相互督促。

坚持了两周之后，曼曼和爸妈去泰国旅游，一周都没有读书。回来以后，中断了的读书节奏怎么也续不上了。眼看离考试时间只剩下半个月，曼曼觉得，按照目前的节奏，无论如何也学不完了。在从公司回家的班车上，她默默想着，哎，我真的是个没毅力、没耐性的人，今年肯定是考不过了，就这样吧。

回到家，曼曼有点不甘心，她翻出之前看过的积极心理学的书籍，用其中讲到的 ABCDE 法开始自我练习。曼曼使用 ABCDE 法的过程如表 13.1 所示。

表 13.1　曼曼使用 ABCDE 法的过程

激发事件 A（Activating event）	保持了一段时间的学习节奏被打破了，尝试恢复但并没有成功
思绪或信念 B（Belief）	（1）我就是个没毅力、没耐性的人（稳定的、内在的归因） （2）现在反正也赶不上进度了，今年肯定过不了（夸大了糟糕的结果）
后果 C（Consequence）	放弃努力，并放弃在今年参加考试

反驳 D（Disputation）	（1）其实前段时间坚持得不错，那些激励自己的方式都还是挺有效的，只是因为去旅游稍微打乱了下节奏而已（不把原因归结为自己的内在品质） （2）虽然进度落后了一些，但我现在恢复节奏在考试之前应该还是可以看完一大半的，今年通过考试还是有希望的，即使考不过，学到的东西总还是有用的（不把问题往糟糕的地方想）
有效的行为 E（Effective behavior）	？？

有效的行为是什么呢？

曼曼觉得，自己找回了一点信心。她拿出了书，在灯下翻开，心里默默地决定：无论最终结果如何，今年一定要去试试。

练习11　　　　　用 ABCDE 法走出无助

你最近在哪件事情上体会到了无助感，想要放弃？试着做一下 ABCDE 的练习（见表 13.2），看看是否会对你有帮助。

表 13.2　ABCDE 练习

激发事件 A（Activating event）	
思绪或信念 B（Belief）	
后果 C（Consequence）	
反驳 D（Disputation）	
有效的行为 E（Effective behavior）	

第 4 部分

把脚放进别人的鞋子里

在职场，学会感知他人的情绪和需求

　　你觉得无所谓的一个举动，也许触碰了别人的底线；你开玩笑时说的一句话，却恰好戳中了别人的伤心事；你找人帮忙被拒绝了，却还傻傻不知道原因是什么……这些都是因为你还没有学会感知他人的情绪和需求。对于职场人而言，这实在是一种非常重要的能力。

14 【理解他人】
同理心，职场中最值得培养和发展的能力

⊳ **A版本的故事**

还记得叶子吗？就是出现在本书开篇的那位小伙伴。她在开始实习的第二天干了一件乌龙事件，给总监端上了一个装着冷茶水的杯子。而在接下来的日子里，她的职场生活还顺利吗？来看看她都碰到了哪些不顺心的事。

某天早上，叶子在楼道里遇到了部门总监，她赶快把表情调整到微笑状态，对着总监说了句"早"。然而，总监好像没有听到似的，从她身边走过去了。叶子忍不住开始胡思乱想，总监是不是对她有意见？是不是不愿意理她？事实上，总监当时正在构思一个重要会议的发言，而叶子的声音又特别小，他是真的没有听到。

某一天，市场部要组织一次新闻发布会，叶子负责现场茶歇采买。她找行政部预订了几箱矿泉水，说好了需要送到指定的会议地点。行政部同事按时送到，把矿泉水放在会议室门口，叶子问对方能不能帮忙搬到会场里，对方说："不好意思，我还得赶回去处理另一件事，你找你们部门同事帮一下忙。"后来叶子是自己搬的，好几箱矿泉水，累坏了。她很生气，回

到宿舍还和同事抱怨：行政部的同事太过分了，这点忙也不帮，害得我差点闪了腰。

还有一天，叶子接到一个任务，总监要给部门里几十个员工定制一件帽衫，需要她收集每个人的尺码。叶子想，小事一桩，毫无难度。她写了一封邮件，在正文中说明了要定制衣服这件事，请大家在周五下班前把自己要的尺码填写在附件的文件中并回邮件给她，并附上了每个尺码所对应的肩宽、胸围、袖长等数据。附件中是一个 EXCEL 表，表头是姓名、性别、尺码三个项目。然后，她把部门所有人的邮箱地址贴在了发件栏中，点了发送。到了周五下班前，她收到的回复邮件还不到三分之一。她打开回复邮件中的附件，还发现有些人填错了信息，还需要她再打电话去核对。叶子很生气，就因为我人微言轻，所以这些人就不把我的邮件当回事吗？

⊙ 故事的背后

看来，叶子的职场之路不太顺利。在刚刚的三个故事中，她都表现出了同一个问题：缺乏同理心。

同理心是指能够站在他人的角度考虑，从而识别、理解他人的情绪、想法和需求的一种能力。也就是人们常说的"换位思考"，或者"把脚放进对方的鞋子里"。怎样做才能提升自己的同理心？

同理心的基础：从理解冰山理论开始

1912 年 4 月，一艘当时世界上最豪华的巨型邮轮从英国南安普敦出发，驶向美国纽约。几天之后，这艘享有"永不沉没"美誉的邮轮因为与冰山相撞沉入海底。这艘邮轮就是著名的泰坦尼克号。

冰山的撞击为什么会有如此之大的杀伤力？假如你的物理足够好，你一定能够计算出来，每一座冰山，浮出水面的部分只占到整个体积的10%，其他90%都沉在海水之下，在海面上完全看不见。

临床心理学大师萨提亚用"冰山"来隐喻每个人。她认为，每个人都像漂浮在水面上的巨大冰山，行为和语言就像冰山露在水面上的那个部分，其实只是属于你的很小一部分。而其他藏在水面之下的，是内在的情绪感受、信念、认知、期待、渴望。你所说的话和行为并不能代表真正的、全部的你，冰山上加上冰山下的部分，才是完整的你。

为了便于理解，本书把萨提亚的冰山理论稍作简化，只讲解"行为和语言""情绪和感受""信念""需求"4个最重要的因素。

行为和语言，是指可以直接看到的外在表现及听到的语言表达。

情绪和感受，是指在这些行为和语言背后，当事人可能并没有直接说出口的内心感受。人们常说"喜怒不形于色"，"不形于色"就是指外在行为，而"喜怒"就是当事人的情绪。

信念，可以用情绪ABC理论中的B来理解，包括人们对于外在事件的看法和评价、深层次的假设、价值观等。信念往往是引发情绪的关键因素。

需求，是冰山最下面的要素，是指当事人在当时那个情境之中到底想要什么。需求往往是人们最原始的驱动力。

冰山模型如图 14.1 所示。

图 14.1　冰山模型

如何用冰山模型来理解他人呢？来看一个例子。

《生活大爆炸》中有这样一个人物角色，典型的高智商低情商的物理学博士，谢尔顿。

谢尔顿在生活中有很多怪癖，如敲门时一定要敲三下；每周的食谱必须遵从固定的规律，周一是泰国菜日，周二是汉堡日，然后依次是奶油土豆汤日、比萨日、中餐日……每样物品严格按照规律来收纳，盒子上要贴上一个标签……他甚至要和自己的室友签订一份 100 多个条款的室友协议，以此保证在同室居住的过程中，一切都能按照他的规则进行。

假如用冰山理论来理解谢尔顿，上述的种种行为都是冰山上的部分。如果你并没有看过《生活大爆炸》，也完全不了解谢尔顿，那当你听说了这些时，你可能觉得他有"强迫倾向"，认为他偏执且不好相处，你并不希望和这样的人做朋友。

然而，假如你看过这部美剧，可能反而会喜欢上这个人物，觉得他也有很多可爱的地方。为什么呢？因为你对这个人物有了更丰满、立体的认识。你已经知道，作为一个高智商的物理学家，谢尔顿对规则、精准和秩序有着非常高的需求，他认为生活中应该充满秩序，而当秩序被打破时，他会觉得难受和无所适从。这时，你已经不仅是了解他冰山上的部分，而是开始探询他冰山下的内容，包括他的"情绪和感受""信念""需求"。

谢尔顿的冰山分析如表 14.1 所示。

表 14.1　谢尔顿的冰山分析

行为	敲门时一定要敲三下，每周的食谱必须遵从固定的规律，每样物品严格按照规律来收纳
情绪和感受	当秩序被打破时，焦虑不安、无所适从
信念	生活中应该充满秩序，周围的人和事需要符合他的秩序
需求	维持规则、精准、秩序

当你了解到冰山下的部分时，你会觉得，他的行为并不是那么怪异和偏执，是可以被理解的，你也许会愿意迁就他。

你甚至有可能觉得，他对所有人所有的事物都保持统一的衡量标准，这很可贵；他有一颗赤子之心，这很可爱；他虽然偏执，但并不是不讲道理，如果你在逻辑上能证明你是对的，他就会接受，这很真诚。

对于谢尔顿，你已经有了同理心。

假如再深入一层？

在第 10 季第 5 集中，谢尔顿与好朋友潘妮发生了这样的对话："潘妮，我要给你讲一个从来没跟任何人讲过的故事。当时我 13 岁，我提早回家，我妈妈去参加圣经研读班了，我走进房子，本以为没人在家，却听到我父母的房间里有声音。我打开房门，却看到了我父亲和另一个女人在'结合'（这就是谢尔顿的语言风格）。所以，从此以后我开任何门都需要敲三次，第一次是礼貌，第二次和第三次是为了让人们把裤子穿上。"

你可以把这个故事当作编剧的恶趣味，因为《生活大爆炸》本就是一个幽默剧集。然而，这个情节多少会让人们有一点被冲击到。假如你嘲笑过谢尔顿敲门敲三次的强迫症，那听到了这段缘由，会不会有一些内疚？

小提示

"冰山理论"呈现出每个人立体和复杂的一面。只有当人们意识到，自己看到的其他人的行为、听到的其他人说的话，都并不能代表这个人的全部时，才会不轻易地为别人贴上某一种标签，也才有可能试着站在对方的角度思考，透过语言和行为去体察他那一刻的需求、信念和情绪。

这是尝试培养同理心的基础。

同理心的培养

1. 学会倾听，同理心在萌发

怎样才能通过冰山上的内容，探询、感知对方冰山下的内容？

必须学会倾听。

在人际沟通中，有 4 个同样都非常重要的动作，分别是听、说、读、写。耐人寻味的是，假如回忆一下从小到大接受的学校教育，你会发现，自己在学习如何说、如何读、如何写上都花了不少的时间，然而，似乎并没有分配太多的时间学习"如何听"。

你可能学习过一些关于听的技巧，例如：

- 目光真诚地注视着对方；
- 身体微微前倾；
- 不时点头以表现出对对方的关注；
- 不打断对方。

以上技巧有用，但不够，因为这些技巧教会你做出"听"的样子，还未触及倾听的实质。要做到真正的倾听，先来了解一下倾听的不同层次，如图 14.2 所示。

- 层次一　敷衍着听、不听

有些时候，你不愿意听，但又不能走开，如儿女面对爸妈的叮嘱、老公面对老婆的唠叨时。于是，人的确是在场，但别人传递的信息从左耳进，又从右耳出。这时，你甚至连认真听的样子都没有做出，只是在敷衍着听。

图 14.2　倾听的层次

● 层次二　做出认真听的姿态，但没有得到有效信息

有时，你做出了听的样子，甚至是认真在听的样子，但并没有真正吸收到对方传递的信息。例如，在一些不太想参加但又必须去的会议上，在其他部门同事向你提需求或抱怨时。

● 层次三　认真听，只听到语义信息

还有些时候，你不仅做出了听的样子，而且的确在认真、专注地听，但只把焦点放在了对方说的语意上。这时，你记住了对方说的话，甚至每个字，但不见得理解对方真正的意图。

举个最简单的例子，当一对情侣闹别扭时，女孩子会说："没事，我没生气，你走吧。"假如男生当真转身就走，一定会贻误解决矛盾的最好时机。男孩子也许会觉得委屈："是你让我走的啊。"没错，男孩子在这时做到了认真听、专注听，他准确地理解了女朋友传递的"语意信息"，但没有理解对方的真实意图。这时，他需要突破到下一个层次：立体

倾听。

● 层次四 立体倾听，听到情绪和需求

立体倾听是听的最高层次，也是真正带着同理心的倾听。

不仅注意对方传递的语言信息，同时也关注对方说话时的声音、情绪、假设、出发点、身体语言、环境和其他细微的变化，以全面了解对方的真实意图和需求。

如何做到立体倾听？

要做到立体倾听难吗？既难，也不难。

说难，是因为要真正通过立体倾听准确地把握沟通对象的情绪、需求与意图，的确不易，需要不断有意识地练习。这是一种技能。

说不难，是因为，只要你想，你就可以尝试，改变原来敷衍听、假装听或只听语意信息的方式，开始挖掘更多的信息。这种尝试的开始，与技能无关，只关乎你是否愿意。这是一种态度。

那如何开始尝试立体倾听？

古人早就用繁体字的"聽"告诉了人们其中的秘诀。

在繁体字的"聽"中，可以拆解出这样几个字：王、耳、目、心。

"王"：所谓听者为王，它提示人们，在沟通过程中，听是非常重要的一个动作。

"耳"：告诉人们，要用人们的耳朵去听对方表达的语意信息，这是冰山上的内容。

"目"：告诉人们，在听语音信息的同时，要用眼睛观察，留意对方的表情、动作、周围的环境，从而捕捉对方的感受和情绪。

"心"：告诉人们，要用心思考，结合人们听到的和看到的，思考对方的信念和想法是什么，进而发现对方的真实需求。

在本书开始时，我讲过叶子的一个小故事。当时，总监请她去拿一下杯子，于是，她去拿了一个装着半杯剩茶的杯子。在这一段对话中，叶子做到了认真听，她获取到了对方传递的语意信息。如果她能够从认真听上升一个层次，变成立体倾听，她一定能理解总监的真实需求是喝水，而不是要一个杯子。

到底是什么阻止了倾听？

当人们尝试倾听时，依然会碰到一些来自内心的阻碍，影响人们建立真正的同理心。这些阻碍具体如下。

● 更关注自己要说什么

下一次与人交流时，不妨观察一下自己，看看你到底是在倾听，还是在构思过一会如何发言与回应？很多人的答案都是后者。

解决这个问题并无良策，只有不断地用先贤苏格拉底的话来提醒自己："上天赐给每个人两只耳朵，一双眼睛，而只有一张嘴巴，就是要求人们多听多看，少说话。"

懂得控制自己表达的欲望，才能成为一个好的倾听者，也才能真正沉下心来去立体倾听对方到底在表达什么。

● 内心将对方和自己做比较

在别人讲述时，人们常常会在内心把自己的境遇和对方做比较，就会生出类似这样的声音：

"他这样做有点过分了，如果是我，我肯定不会这样做。"

"这件事很简单啊，我每次都能做到，他为什么就不行呢？"

"我即使生病也没落下过工作，他怎么一点小病就要请假呢？"

同理心是指站在对方的角度去思考与感受，而内心里将自己和对方做比较，恰恰是背道而驰。当内心这样的声音出现时，同理心也正在收敛。

● 马上就想替对方解决问题

很多时候，沟通对象只是想找你诉诉苦，他们要的是感情上的支持与安慰，并不一定是要一个切实的解决方案。当你把焦点放在对方说的"语意信息"上时，容易立即从逻辑与理性出发，帮助对方寻找切实的方案。

所以，在听别人说话时，试着把"马上替他解决问题"这个冲动放下，再多听听对方的真实需求到底是什么。

2. 放下预设，同理心在成长

预设，是指人们在人际交往的过程中对于交往对象预先形成的印象、想法或期待。预设有可能让你变得不客观、不理性，甚至让你过度解读获取的信息，从而失去同理他人的机会与能力。

叶子与总监的互动就是一个典型的例子。因为本书开篇提到的杯子事件，叶子其实已经很忐忑了，她揣测，总监已经对她有看法了、不喜欢她了。请注意，为什么说这只是叶子的揣测，而不是事实呢？因为的确并没有其他信号与证据来支持叶子的这个观点。要知道，一个实习生与总监在工作中的互动其实是非常少的，叶子并没有足够的机会来验证"总监对她有看法"这个揣测。然而，当这天早上叶子和总监打招呼，没有得到回应时，因为有着之前的预设，她开始过度解读总监的反应了。

"他不理我，一定是对我有意见！"

这个推论实在是高估了自己对总监的影响力，也低估了总监的职业素养。假如叶子能放下自己之前的揣测，就能更平常心地看待这件小事。

想一想你在工作中有没有遇到过这样的情况？

觉得另一个部门的某个同事特别不好打交道，当有事需要他帮忙，而他拒绝了你时，你也许会觉得，他是故意的，就是不想帮忙！但如果是一个平时很好说话的同事拒绝了你，你会觉得他是真的忙不过来。

在这个场景中，你就因为"预设"放弃了同理别人的这个动作。

放下"预设"并不是一件容易的事，每个人做出对人对事的评价时，都是基于自己原有的知识、经验、经历和价值观的，没有人可以随时清零自己，带着完全没有预设的视角去看待世界。而你要做的，是在每一次要对别人产生评判和指责时，记得提醒自己，你的"有色眼镜"摘下来了吗？

放下预设，才能就事论事，而不是因人废言，这是发展同理心的重要一步。

3. **理解差异，同理心在壮大**

我出生在一个北方小城，上大学的时候，我离开家乡去上海读书。刚到上海时，听到同学讲她和男朋友约会时两人AA制分担费用，我很不理解，约会时男生怎么可能让女生花钱呢，这也显得太抠门了。

时至今日，我已经非常能够接受AA制的约会了，甚至我会觉得AA制比一方承担更合理。无论是当年的想法，还是现在的观念，都是伴随着我的成长环境而形成的。其实，这两种做法并没有对错之分。但如果因为某一方要求AA制而做出"他很抠门"这样的判断，就会显得有些武断了。这种选择的背后，也许并不是抠门，只是因为他的生长环境、他所接受的教育让他具备了这样的价值观念而已。如果一个人在约会的时候选择AA制，同时每年会为贫困山区的孩子捐助一个月的工资，他真的"抠门"吗？

这一件小事却也折射出这样一个道理：人和人之间，是如此的不同。这种不同，体现在性别、年龄、教育背景、工作经历、成长地域、性格特征、价值观念、职责分工等方面。这些不同都会成为人们沟通中分歧与误解的来源。

为什么需要培养自己的同理心？因为每个人都是不同的。

在差异很小的两个人之间，如你和你的哥们儿或闺密，你并不需要费什么力气，就能够理解他们的想法和感受。而差异越多，你越需要花更多的心力去同理别人，去理解他的冰山之下。

来看几个例子。

还记得之前故事的小扬吗？当他的上级林琳要求他调整文本中的标点、字号、行间距和配色时，小扬觉得林琳抓小放大。但林琳觉得，逻辑框架当然重要，但文本的整齐和标准是职业化素养的基本反映。这两种不同的观点，源于两人不同的职业背景。小扬工作后的第一个上级大鹏的工作风格相对来说不是特别关注细节，小扬受大鹏影响，也形成了这样的观念。林琳进入职场后的第一份工作是咨询顾问，她的第一任上级对她在细节上的要求非常高，她自然也会对自己及下属在这个方面有着严格的要求。假如小扬能够体会自己和林琳之间的差异，他就可以理解，林琳并不是针对他，而是秉承着自己一贯的工作风格。

本章节开篇时提到的叶子，当行政部的同事拒绝帮忙时，她很气愤。假如她能够理解，她和行政部同事本来就有职责分工的差异，帮助她并不是同事的分内之事，假如时间充裕，做一下也无可厚非，但假如还有其他事情，那的确就没办法在这件事情上分配时间了。对于叶子来说非常重要紧急的事情，对于对方而言，却是在所有事情中优先级最低的，这是两个人分工职责的差异造成的。为此而气愤，并且指责对方没有怜香惜玉的精神，实在是大可不必。

　　而叶子在发邮件收集尺码的事情中，也有着同样的道理。周五下班前完成收集表，对叶子而言是优先级非常高的事情。但对于大多数同事来说，优先级却非常低。同时，要回复这么一份邮件，还需要不少步骤：

　　打开邮件看正文、打开附件、回到正文去看尺码、填写附件中的信息、把附件进行保存、打开原来的邮件，点击回复、加上附件，发送。

　　所以，对于一件优先级并不高又有点麻烦的事，大家忘了回应也并不奇怪。假如叶子能够理解这种差异，她能不能用更好的办法来完成任务呢？在 B 版本的故事里，我会为你揭晓。

　　因为差异而带来沟通障碍的例子，在职场中还真的不少。

　　老成持重的"70 后"，面对更加崇尚自由、追求个人价值的"00 后"，可能给他们贴上没有责任心、不敬业的标签。这是代际差异带来的相互不理解。

　　一个多元文化的企业里，外资企业背景的同事觉得民营企业背景的人太土，而民营企业背景的人反而觉得外资企业背景的同事太装。这是工作与成长背景的差异惹的祸。

　　在很多企业里，销售团队的人总会觉得财务部的同事呆板教条，财务部的同事又觉得销售的同事不靠谱，总想变着法子突破公司的制度。这是人们所说的"屁股决定脑袋"，工作职责的差异使得他们思考问题的方式总是不同。

　　然而，假如你去观察职场中那些"高情商"人士，就会发现他们常常有着"老少咸宜""土洋通吃"的特点。正是因为他们能够深刻地理解与认知人和人之间的差异，从而也就对不同的人具备了更强的同理心。

小提示

认识差异，并不是为了让你忽略差异，更不是为了让你改变自己迎合别人。认识差异并理解差异，是为了提醒自己：那些人做出一些你认为不对、不能认同的行为，并不是因为他们偏执、刻板、小气、封闭，更不是因为对你有敌意，故意和你对着干，只是因为你们"不同"而已。

有了同理心之后

在这个章节中，我一直强调同理别人，你可能有这样的疑问：

"我去同理别人了，谁来同理我？"

"有些人的确是很不可理喻，我为什么要去同理他？"

所以，我有必要澄清一下，同理的目的到底是什么。

"是为了在理解别人的基础上取悦别人吗？"

"是为了在理解别人的基础上认同他的想法和做法吗？"

不！同理并不等于同意。

有同理心，并不是接受和同意对方所有的观点或立场。有同理心，是帮助你理解对方为何持有与你不同的观点或立场，你接受"存在差异"这个事实，而不是全盘接受他的想法和要求。

培养自己的同理心，对你至少有两个方面的收益。

一是就个人的情绪与心态而言，有同理心的人能更客观地看待他人的行为，不过度解读、不臆测别人是否有敌意，从而就能更平和。

二是从提升解决问题的效率来看，同理心强的人才能够找到对方真正的需求和痛点，从而用对方能接受的沟通方式来说服和影响对方，解决问题，寻求共赢。

⊙ B 版本的故事

还是叶子的故事，但是，假如她的同理心得到了提升。

某天早上，叶子在楼道里遇到了部门总监，她赶快把表情调整到微笑状态，对着总监说了句"早"。然而，总监好像没有听到似的，从她身边走过去了。叶子发现总监皱着眉，神色凝重，她想：他肯定是在思考什么重要的问题。应该是没听到我说话。下次我再打招呼声音得大点。

某天，市场部要组织一次新闻发布会，叶子负责现场茶歇采买。她找行政部预订了几箱矿泉水，说好了需要送到指定的会议地点。行政部同事按时送到，把矿泉水放在会议室门口，叶子问对方能不能帮忙搬到会场里，对方说："我还得赶回去处理另一件事，你找你们部门的同事帮一下忙。"叶子说："好的，好的，你赶快忙去吧，多谢你啊，这么大热天儿地帮我送水。"行政部的同事反而有点不好意思了，赶紧解释说："今天是真不巧，还得去帮另一个部门送物资，那边也赶着要，下次有空儿一定帮你！"

某天，叶子接到一个任务，要收集部门里几十个人的尺码。叶子写了一封邮件，先要群发给大家。发之前，她突然意识到这种方式太低效。一方面，别人需要打开附件，填完再回复，太麻烦了，另一方面，自己收到几十个回复邮件也还需要再一一打开，粘贴在一个文档中。于是，她打开一个问卷网站建了一个问卷链接，把尺码的相关信息写在问卷前面，然后在问卷中设置三道题目，分别是姓名、性别、尺码。同样还是用邮件的方式，把链接直接发给所有人。然后，她又在午休前在部门微信群里把链接发了一遍，说："大家吃饭前可以顺手点开链接，选一下自己的尺码哦，比心。"于是，她很快就收到了自己想要的数据。

练习12　　　　探询他人的"冰山"

回想一下，上一次在人际互动中对别人有一些不满和意见时的情形。

（1）当时发生了什么？

（2）当时的你，对于对方有什么评价或印象？

固执？暴躁？教条？不懂变通？或者是其他的感受？写下来。

（3）试着回想当时对方的语言和行为，要立体倾听、要放下预设、要理解你和对方之间的差异。现在，可以探索一下对方的"冰山"吗？将对方的"冰山"还原，填入表 14.2 中。

表 14.2　对方的"冰山"

行为	
情绪和感受	
信念	
需求	

15 【理解同事】

别人凭什么要帮你

▶ A 版本的故事

大东是一家公司的培训主管，他的主要职责是组织公司的各类培训项目。

他最近要组织一次销售骨干的能力提升培训营。在策划项目时，他做了学员访谈，很多人都提到希望能听到公司的 Top sales（最佳销售）曹锋的经验分享，大家都说他在大客户方面有自己独特的套路，很值得学习。

大东和曹锋认识，但不熟。大东帮销售部门组织过一次拓展活动，过程中加了曹锋的微信，之后便再无交集。不过，大东对于自己的沟通能力还是颇有信心的，他给曹锋发出了微信邀约，于是，两个人发生了以下对话。

大东：曹哥你好，我是人力资源部的王东，主要负责员工培训的工作，咱们上次拓展时见过面，您还记得我吧？我们最近要做一个销售骨干的培训营，希望请您来给同学们做一次经验分享，您看行吗？

曹锋：不好意思啊，最近太忙了，没空。

大东：不需要占用您太多的时间，可以根据您的时间来安排，1～2小时就行。你看能不能抽个时间啊？

曹锋：真的不行啊，最近的确抽不出时间，以后再找机会吧。

大东：我们是特别真心诚意地邀请您的。1小时，真的不用时间太长，您看能不能百忙之中抽个空来？

曹锋很久都没回复，大东焦灼地等待。

1小时后，曹锋回复说：下次吧，这次还是算了。

大东看到这个回复，觉得基本没希望了，但是还想争取一下，于是他又打了一大段话："这个项目是我们今年的重点项目，人力资源副总裁和公司其他领导都特别重视，而且我做了前期调研，同学们也专门提到想听您做个经验分享。真的，特别希望您能来。"

发完这段，大东觉得自己都快被感动了，又担心力度不够，在这段话后面又加了3个抱拳感谢的微信表情。

然而，这一次，曹锋彻底不回复了……

⊙ 故事的背后

大东的这次邀约能成功吗？

估计悬。

那问题到底出在哪儿呢？措辞挺礼貌的，事情说得也挺清楚，感觉没毛病，可人家就是不愿意，还能怎么办呢……

在职场，每个人都不是单打独斗的孤胆英雄，每个任务、每项工作，都在不同程度上需要和别人协作完成，所以，你必须时常思考这样一个问题：别人为什么要支持你、帮助你？特别是当你发出的需求并不在对方职责范围中时，如何才能打动对方？

在这一章，让我们一起带着同理心思考，探讨"求助"的方式、分寸和技巧。

从对方的需求出发，要的是双赢

简单说，双赢就是你的目标达成了，对方也获得了一定的价值。

在发起一次请求时，假如你期望达到双赢的局面，就一定要带着同理心思考：

- 我的出发点和需求是什么？
- 对方的需求是什么？和你一致吗？
- 假如不一致，我的举动会给对方制造麻烦吗？我的请求会让对方感到为难吗？
- 我想做的这件事，能给对方提供什么样的价值？

来看看大东的故事。在这个失败案例中，曹锋用没时间拒绝了邀约。曹锋是真的没时间吗？也许他真的很忙，但拒绝的核心原因并不是因为忙，而是因为他对这件事没有兴趣。假如用冰山模型来探询一下曹锋的冰山，那他的冰山分析如表 15.1 所示。

表 15.1　曹锋的冰山分析

行为	直接拒绝了大东的邀约，说自己没时间 面对大东的重复邀约，选择了漠视，不再回复
情绪和感受	无感，淡漠
信念	培训别人跟自己没什么关系，把自己的销售业绩做好就行
需求	专心做销售，不在别的事情上花太多时间和精力

探询完曹锋的冰山，再来看看大东都用了哪些说服理由呢？站在曹锋的立场，这些理由能打动他吗？

理由1：最近要做一个销售骨干的培训营，希望请曹锋来给同学们做一次经验分享。

曹锋内心的想法：培训跟我有什么关系？花时间做这个对我又没有任何好处。不干。

理由2：不需要占用太多的时间，可以根据曹锋的时间来安排，1~2小时就行。

曹锋内心的想法：没兴趣，对我自己没好处，还得费心准备分享的内容，所以花再少的时间也不想干。

理由3：特别真心诚意地邀请曹锋。

曹锋内心的想法：对，你是真心诚意。我还真心诚意想多卖点东西给客户呢……光真心诚意有啥用。

理由4：这个项目是大东部门今年的重点项目，人力资源副总裁和其他领导都特别重视，而且同学们也专门提到想听曹锋做个经验分享。

曹锋内心的想法：是你们的重点项目，领导们特别重视，做好了是你的业绩表现出色，这个跟我有什么关系……

看完以上4个理由，不难发现，诚恳的大东同学始终是站在自己的立场上自说自话，他提到的所有理由都完全不能打动对方。站在自己的角度，觉得这是目前最重要、最紧急的事，但在别人眼里，可能都排不进"要做的事件清单"。在职场的沟通和合作中，如果遇到了这样的情况，那就很尴尬了。

那么，这种情况下，到底应该怎么做？

从对方的需求出发！

以邀请公司的内部同事来授课这个案例来说，讲师们可能有几种不同的情况和需求，那就要使用不同的沟通策略。不同类型潜在讲师的邀约策略如表 15.2 所示。

表 15.2　不同类型潜在讲师的邀约策略

潜在讲师的情况	可能的需求	邀约策略
刚加入公司的空降管理者	希望能够扩大个人在公司内的影响力	• 告诉他培训项目参与者都是公司各部门的骨干 • 给他看看以前培训项目的宣传，让他了解这些项目在内部的影响力和覆盖度
公司内部某领域的业务专家	希望在公司内部强化自己"业务专家"的个人品牌	• 在宣传文案中突出他的专业背景，烘托出大咖分享的气氛
学员们的直属上级	希望培训能真正提升学员的能力，带来业绩改变	• 从培训管理人员的专业出发，帮助他萃取出个人经验，设计成精品课程 • 帮助他设计训前、训后的活动，提升培训的转化率

还会有其他可能性，这就要根据具体情况来具体分析了。

总之，同理心的一个重要的体现，就是要理解对方的需求，并在此基础上找到说服对方的突破口。一而再，再而三地强调"这个事情对我很重要""我特别诚恳和迫切"这些理由，也许能打动一些好说话的同事，但这毕竟不是促进双方良性合作的长久之道。

| 假如就是满足不了对方的需求，怎么办

从目前掌握的情况来看，曹锋对于大东无欲无求，大东想破了脑袋也找不到能打动他的方法。怎么办？

在职场上，的确有些时候，在某个项目或任务上，你与合作伙伴并不能找到双赢之道。那么，除满足对方当下的需求外，还有哪些因素，能让别人愿意伸出援手呢？

1. 互惠

假如有一天你没有带伞，天却下雨了。出了地铁，距离你们公司还有 5 分钟路程，你站在屋檐下左顾右盼。这时有陌生人走过来说，你是某某写字楼的吧？我在电梯里见过你，我正好还有把伞，借给你吧。你走进写字楼大门后就还了伞，表示了感谢，并没有互留姓名和联系方式。

一周之后，你在前台碰到了那位好心人。原来，他是另一楼层一家电商网站的大客户销售主管，他想来拜访一下你们公司的采购部负责人，想看看有没有合作机会。他问你能不能引荐一下。你会怎么做？我猜测，假如你认识采购部的负责人，你应该会帮他这个忙。

那么，假如没有之前下雨天发生的事情呢？一个从未有交集的陌生人，在你公司门口拦住你拜托你引荐采购部的负责人，你会怎么做？大多数的情况下，你会拒绝他。

这两种情况的差别在哪里？

这就是人际互动中的互惠原理。当你接受别人的恩惠和帮助时，你也会更愿意帮助他一回。而在这个过程中，导致你愿意做出回报行为的是你内心微妙的愧疚感。如何应用"互惠原理"来提升你在职场中对他人的影响力？给出以下一些小技巧。

对于那些"关键人物"，别到求人时才想起他们。功课要在平时做。

去找他开会时顺便帮他带一杯咖啡，外出旅游回来给他带一份手信，特殊的节日送一份小礼物等，别显得太刻意，但又让对方觉得你一直惦记着他。在做这些事时，手信或小礼物的选择还是有点讲究的，千万不要选择那些价格太高的，俗话说"无功不受禄"。对于价格太高的礼物，对方很难心安理得地接受，只能拒绝，这就尴尬了。一份不太贵，但有特色有格调的小礼物，对方能够欣然接受，也能够起到拉近双方心理距离的作用。

在能力所及和时间允许的情况下，尽量主动协作。

当别人提出请求时，积极、及时地给予响应，即使这件事不完全在你的职责范围内。你在这么做时，也许并没有非常功利的、求回报的心态，但这种做法通常会给你回报。老板会看在眼里，他会知道你积极主动；同事们也会记在心上，当你提出需求时，别人当然也更乐意伸出援手。

但是，必须要强调的是，这一切的前提是"你自己的能力可以达到，而且你自己的时间允许"，也就是说，你必须清楚，你的本职工作是什么，在时间不宽裕的情况下，本职工作和你的直接上级交代的工作应该是优先级更高的工作。假如你积极协助别人，并因此耽误了本职工作，被帮助的那个人当然还是很感激你，但你的直接上级多半不会认同你这样的做法。

提一个大要求，被拒绝了，再提一个小要求，成功的概率更大一些。

这个做法同样是利用了社交中的互惠原理，当你提出一个大要求时，对方虽然拒绝了，但心里对你多少会有一点愧疚感，当你退一步提一个小一点的要求（只是相对于最初的那个大要求比较小，但也并不是举手之劳）时，对方就有可能出于微妙的愧疚情绪而答应你。如果你一上来就提这个较小的要求，很可能直接就被拒绝了。

2. 人际吸引

还是回到我们讲"互惠原理"时的例子。

一个从未有交集的陌生人，在你公司门口拦住你拜托你引荐采购部的负责人，你会怎么做？大多数情况下，你会拒绝他。

但假如他打扮得体、言语礼貌、风度儒雅呢？他的请求被接受的可能性会不会大一些？

别觉得不公平，在所有的条件都一致的情况下，大多数人就是更容易去帮助自己喜欢或有好感的人。那么，怎样才能在职场中成为一个被人喜欢的人呢？

- 得体的外表会带来好感与信任

当今是一个"看脸"的时代吗？

其实，只要是人类社会，就一直处在"看脸"的时代。

几乎在所有的场合中，具备外表魅力的人在社交中都会有一定的优势，人们更愿意和他们攀谈，在他们提出一些小要求时，也更容易被满足。甚至，在公众场合，他们也会显得更有感召力和影响力。看看历任美国总统的颜值，不难发现，有魅力的外表，对于政客们赢得公众的认可也是有一定帮助的。

如果长相不好看怎么办？是不是只能哭晕在洗手间了？

其实，大多数人都是普通的长相，但注重修饰和完全不在意打扮，就会得到截然不同的结果。只要你愿意，总能让自己的外在形象在原有的基础上提高一些分数。另外，还要补充说明一下，对职场大部分岗位而言，能够获得信任与好感的装扮并不是"时尚、性感、高回头率"，而是得体、干练、专业，能够根据不同的场合，选择合适的服饰，呈现自己的品位。

● 相似性也是加分项

"我们两个是大学校友！"

"原来咱们是老乡啊！"

"我原来也在那家公司工作过，我说怎么看你有点眼熟呢。"

"你也喜欢打羽毛球啊？回头周末约一场吧。"

假如你在职场社交场合和一个本来还有点陌生的同事发生了以上类似的对话，会不会觉得顿时有一点热络了？社会心理学家研究表明，每个人都会对那些和自己相似的人产生天然的好感，这种相似可以是教育背景、工作经历、故乡、爱好、生活方式或价值观念等。

所以，在职场上，试着发掘你和同事、合作伙伴之间的共同点，从共同点开启你们本来有点冷场的聊天，也是获得更多人际吸引的加分项。

- 多接触，混个脸熟，关键时刻也有用

观察一下你所在的组织，除在跨部门的项目中去增进同事感情外，还有哪些渠道吗？比如：

—吸烟区中每天一起吸烟、借火的同事；

—妈妈小屋里一起吸奶的背奶妈妈们；

—兴趣社团里一起踢球、游泳、健身的伙伴；

—参加过某一个培训项目的同学。

当你在跨部门项目中碰到他们时，是不是会觉得比完全陌生的同事更好沟通一些？社会心理学家们同样告诉人们，多接触、熟悉也会带来好感。

其实，即使不用心理学家们的理论支持，这也是人之常情。熟人好办事，从古至今都是这个道理。

3. 保持一致性

假如你是一位平面设计师，一位并不相熟的同事过来请你帮忙在一张设计图上加个字，你觉得只需要3分钟，是个举手之劳，于是你同意了。

结果，1小时之后，那位同事又出现了，说那张图交给领导后又出了点问题，需要改更多的字，这次需要20分钟。这件事完全不是你的分内事，你会帮忙吗？

不知道你的选择是什么。但是，心理学家们的研究证明，相比于对方直接上来就提出一个需要花费你20分钟的需求，在刚刚那个场景下，你愿意帮忙的可能性要大很多。

人们往往会更愿意帮助自己帮助过的人。乍一看起来，似乎不太符合常理。但你再往深处想一想，就会发现这其实很符合人性。如果你愿意给一个人提供帮助，通常是觉得这个人还不错，至少不让自己讨厌。而当你帮过忙以后，当然也不希望自己的好心错付了。这时候，你往往会更愿意说服自己：对方真的还不错，是个值得帮助的人。这背后的心理机制被称为"承诺与一致性原则"。

这给了什么启示呢？主要有以下两点。

● 平时要学会麻烦人，也要敢于麻烦人

很多伙伴都不喜欢给别人添麻烦，担心显得自己没有分寸感。其实，人和人之间的感情是在互相麻烦的过程中逐渐培养起来的。情商高的职场人士，总是能做到既麻烦别人帮个小忙，又让别人没有觉得真的被添了麻烦，反而还觉得能帮上忙挺开心的。双方的心理距离也在这个过程中逐渐被拉近，这其中有两个关键点：

第一点，必须把握好两个人之间的亲疏程度，提的要求不要超出双方的亲密程度。

第二点，必须把握好这个"小忙"的大小程度。对于对方而言，一个举手之劳，既能帮助别人，又能塑造自己在别人心目中的"好人"形象，是很多人都愿意做的事。但假如帮这个忙要影响自己的工作、花额外的时间，人家自然是要掂量一下的。

● 求助或提要求时，先从小要求开始说，再一点点加码

先讲一个我亲眼看见的事情。

有一次乘坐高铁出差，我身后那一排有一位女士问他旁边的一位先生："您好，您也是到终点站吧？请问您可以和我同事换一下座位吗？她的票没在这个车厢，想过来和我一起坐。"

这位先生很有绅士风度，说："没问题啊。"

这位女士继续说："她的票在2号车厢，就是得麻烦您多走几节车厢了。"先生踌躇了一下，还是同意了。

当时我们的车厢是14号，也就意味着他得拖着箱子穿行12节车厢！我暗自想，这位先生真的是好脾气，如果是我肯定就不答应了。

然而，还有更进一步的，女士继续说："咱们这个车中间应该是不连通的，您得先下车，从站台走到2号去。现在离开车就只有几分钟了，您可能还得快点走，真不好意思，太感谢了！"

我并没有看到这位先生的表情，也不知道他此刻的内心活动是什么，总之，他提着箱子走了。片刻之后，我透过玻璃窗看到了他在站台上飞奔而过的身影。

从我个人价值观出发，我并不欣赏这位女士的行为，如果请陌生人帮一个举手之劳的小忙，我觉得是人之常情，但如果要给一个陌生人添这么大的麻烦，我并没有这个底气。但必须承认，这位女士深谙求助之道，也非常懂得使用技巧。想象一下，如果她一开始就说"您能不能拖着箱子从站台穿行到2号车厢，跟我的同事换个座位"，她的请求有可能被答应吗？应

该没可能。对于绝大多数人来说，拒绝这样一个过分的要求，完全不会有任何心理负担。然而，她从一个听起来很合理的小要求开始提，当对方答应帮忙之后，再补充说明这个小要求背后所隐藏的条件，而对方因为已经答应了，为了维护自己"好人做到底"的绅士形象，也不好意思再拒绝了。

职场中要不要用这个方法来实现求助的目的？我个人认为，偶尔可用，但一定要慎用。特别要注意，这个办法是以不伤害别人的利益为前提的。例如，在刚刚提到的请设计师帮忙的场景下，先提一个小需求再提一个大需求，对方也完全可以选择接受或拒绝，这种求助方式大多数人都是可以理解并认同的。但如果你像高铁上那位女士一样，让对方被道德约束架高，然后不得不答应你的请求，这种方式固然达到了短期的目的，但难免会让别人产生一种"被套路"的感觉。

> **小提示**
>
> 你需要理解人性，必要时用一点技巧，但职场社交中最好的通关卡，还是"少一点套路，多一点真诚"。

4. 找到对目标对象有影响力的人

最后，就是大东遇到的这种情况。

曹锋是公司里的老员工，不求树立个人品牌；他不带团队，只想做好业绩，不求培养下属；所以，从他的需求入手说服他几乎无从谈起。大东之前和他并没太多交集和接触，靠互惠、人际吸引等方式，更是全无可能。

那还有招吗？

当然有，当你对于要求助的对象没有影响力时，可以试着找到对他有影响力的人，然后"曲线救国"。

"曲线救国"也有 N 种方式，以大东的故事为例，可以有以下做法。

● 向自己的上级求助

大东的上级是公司的人力资源总监，假如他也是公司的老员工，一定和曹锋有交情，请他出面，比大东的成功率要高出 N 倍。

这样做会让上级觉得你的沟通影响能力还有待提升。但是，在职场中，遇到搞不定的事情及时找上级求助，比眼睁睁看着事情闹到无法补救的状况再汇报，还是要明智很多。

● 找曹锋的上级求助

这个培训项目曹锋可能不关心，但他的上级应该会关心，因为项目的目标是帮助销售的骨干人员提升能力。假如大东能够说服曹锋的上级，他再去要求曹锋，成功率就更加大了。

当然，行政命令也要慎用，能让对方出自个人意愿帮忙，就尽量少用上级强压。

● 利用同侪压力

同侪压力也称同辈压力、朋辈压力，指的是同侪施加的一种影响力，它可以鼓励一个人为了遵守团体社会规范而改变其态度、价值观、行为。

假如在这个故事里，大东能够告诉曹锋，这个项目中都请过哪些销售大咖来进行分享，这次的讲师里还有哪些大咖或高管，那么，曹锋也有可能考虑参加。

为什么呢？因为人都是社会动物，都会受到周围人的影响。在一个组织内，保持和自己类似级别、类似岗位的人的一致性，是驱动大多数人改变行为方式的一个重要因素。

小提示

互惠、人际吸引、承诺与一致、"曲线救国"……任何一种方法也许不能单独奏效，但当你打出组合拳时，成功的可能性一定会大大增加。一个有影响力的人，会综合运用各种策略与资源来促进目标达成。

以上建议都来自影响力大师罗伯特·B.西奥迪尼的经典书籍《影响力》。这本书只讲一件事，就是如何更有效地影响别人。要做到这一点，非常关键的因素是要洞悉人性，体察别人的情绪与需求。

▶ B 版本的故事

大东是一家公司的培训主管，他的主要职责是组织公司的各类培训项目。

最近，他正在组织销售骨干的能力提升培训营，希望邀请公司的 Top sales（最佳销售）曹锋来做一次经验分享。

大东和曹锋认识，但不熟，他并不确定曹锋是否会答应。大东和销售部的运营助理小魏都是公司篮球社团的成员，还算挺熟的，于是，他先找小魏侧面了解了一下曹锋的情况。原来，曹锋是公司的老员工，业绩一直特别好，领导们曾经想升他做主管，但他拒绝了。他说自己不是带人的料，也不想承担那么大的责任，自己做好销售就挺满足了。因为多年积累的客户资源，加上他的确在客户需求挖掘、谈判策略上非常有自己的套路，曹锋常年是公司的 Top sales，收入当然也很高。

了解了这些信息，大东分析了一下曹锋的需求，发现真心没什么切入点来说服他。看来只能换个策略了。恰好这天下午，大东和自己的直接上级，也就是公司的人力资源总监，约了销售部门的负责人陈总，一起讨论一下这次培养项目的方案。方案框架过得差不多了，大东趁机提出："陈总，我前期调研了不少学员，大家都提出想听曹锋分享一下他在大客户销售方面的心得，您觉得可行吗？"

陈总笑着说："曹锋啊，的确有一套，不过这小子一直都是只管做好自己的销售，对其他事都不怎么上心。"

大东说："是啊，所以才想求助您啊。这些大牛销售有很多经验，如果挖掘出来能够形成标准化的模式来指导资历浅的销售，应该对提升他们的业绩很有帮助。如果这次曹锋愿意讲，我们可以协助来做记录和整理，沉淀成一些案例，加在我们现有的销售课程体系里。"

大东的直接上级也在旁边帮腔："对啊，咱们公司那课程有些内容有点陈旧了，我们计划下半年更新一下，加点更接地气的内容。"

陈总点了点头："嗯，你们说的有道理，那行，你去跟他说吧，让他来分享一下，是得榨榨他肚子里的存货了。"

大东赶紧说："多谢陈总，那我发个正式的邀请函给曹锋，抄送给您吧，也麻烦您帮忙跟曹锋再打个招呼。"

陈总当然答应了。这件事，搞定！

练习13　如何更有效地说服或影响别人

回想你在工作中需要得到别人配合，但是被拒绝的一次经历。

假如再给你一次机会，你会不会换种做法？

（1）在这次工作任务中，你的需求是什么？对方的需求又是什么？

（2）你有可能找到切入点，既满足自己的需求，也满足对方的需求吗？如果有，这个切入点是什么？

（3）假如没有找到切入点，想想看以下哪些策略有可能对你有帮助，在你的选择前的"□"中打"√"。

□互惠；

□人际吸引；

□保持一致性；

□找到对他有影响力的人。

16 【应对冲突】
哪有那么多谁错谁对

⊙ A版本的故事

方力是一家互联网公司的产品经理，他在工作中打交道最多的就是程序员。产品经理们提出需求，撰写需求文档，程序员根据需求文档进行技术实现，这是他们最常规的工作流程。

然而，方力这一次跟程序员吴凡的沟通出现了一些问题。

需求评审会议中，方力讲解了自己的产品优化需求。

程序员吴凡指着资料中的一个页面说："你这个分类检索的功能，做不了。"

方力问："为什么啊？我记得上个月有一个功能，和这个很像啊。"

吴凡说："你们看着像，对我们技术来说完全不一样好吗？这个检索咱们的数据结构不支持，做不了。"

方力问："哪里不一样，能解释一下吗？"

吴凡叹了口气："哎，说了你也不懂。"

方力说："我是不懂啊，我要是懂的话，还要技术干吗。"

吴凡也没接话，保持沉默，方力一时不知道如何继续回应，心里嘀咕："什么做不了，就是不想做。肯定是上次压排期，对我们有意见了。总是拿'说了你也不懂'来搪塞我们。"
……

⊙ 故事的背后

吴凡到底是不想做，还是真的做不了？在故事有限的信息中，我们先不急着下结论。但有一点是确定的，如果方力和吴凡继续用这种方式对话，就会进入冲突和争执。

在职场社交中，分歧是难以避免的，而当人们身处分歧时，指责对方、与对方辩论、试图分出对错可能是第一反应。然而，这样做并不能真正解决问题。更客观地看待问题，更中立地审视双方的立场，才是身处分歧之时应该做的事。当你具备这样的心态时，你会发现，其实，并没有那么多你错我对。

为什么总觉得别人有错

1. 我没错，都是你的错！真的吗？也许你在"双标"

"双标"就是指双重标准，在同一件事情上用不同的标尺来衡量不同的人。大多数人都鄙视"双标"这种行为。可是，你有没有意识到，其实每个人多多少少都会有双标的时候，而且常常是在衡量自己与衡量别人的时候，不由自主地使用不同的标准。

以下举几个例子，看你有没有哪条能戳中你。

生活中

开车时，看到行人穿马路，想着这些人走路真不守规矩，给司机带来多少麻烦。等到自己变成行人时，看到机动车不给自己让行，心里又想，这司机真没公德心，怎么就不知道让让行人。

看到有的姑娘邋里邋遢地出门，心里想着没有丑姑娘，只有懒姑娘，你就不能好好收拾自己啊。可等到自己邋遢被别人这么评价时，就会辩白说，我忙啊，我偶尔邋遢一点儿怎么了，再说，我心灵美啊。

工作时

被别人教育时，心里想着"这家伙也太好为人师了"，等到自己大段甩理论、扔实例教育别人时，那叫一个慷慨激昂、掷地有声，这时还得标榜着说"我是为你好"，其实，也许是为了满足自己表达的欲望。

看到别人发邮件忘记加附件，可能想："太粗心了，又没检查。"自己犯了类似错误时，心里给自己找理由："哎，最近事情太多，忙晕了。"

2. 为什么会"双标"

心理学家们提出过一个概念，叫作"基本归因错误"，是指我们在归因的时候，对待自己和别人倾向于采用不同的标准。当别人做了一件错事，而你去看待这个行为或行为导致的后果时，总是倾向于高估他的人格或态度等内在特质对于行为的影响，忽略他们所处的情境带来的影响。然而，当同样的事情发生在自己身上时，你通常会认为这并不是你的内在原因造成的，而是客观情境的错。

一个最典型的例子，就是在职场中看待迟到的态度。

当在一次重要的会议中，其他参会人迟到时，你会怎么想？你可能倾向于归因为他没有时间观念、没能提前规划好出门的时间、不重视这次会议等。总之，你更多地在考虑参会人的内在特质（态度、能力、性格等）。

假如迟到的是自己呢？想想上次迟到的时候你怎么解释？路上太堵了；没找到车位转了半天；上一次会议延时了……总之，迟到并不是你的错，是外在客观环境不给力。

小提示

> 双标简直就是人性的附属品，捆绑销售，不可退换。所以，在一定范围内的"双标"并不可耻，也不可怕。但是，如果你一直不能意识到自己在双标，不能打破自己的双标，这种归因方式就会成为职场沟通中的局限与障碍。

再回过头看一下方力的故事，基本归因错误就正在生动地上演。

当吴凡跟方力说"做不了"时，方力将这个行为归因为吴凡的内在原因——不想做，对我们有意见（态度、动机方面的原因）。而实际上的原因呢？数据库结构的限制，导致这个功能难以实现，如果一定要实现，需要更多人力和时间，对于目前资源有限的技术团队来说，这个投入是不太可行的。这些限制都是客观的、外在的原因。作为典型的技术同学，吴凡的回复的确太简单了，简单到没有把现状描述清楚；这个回复也太生硬，生硬到完全没照顾方力的情绪感受。

由于吴凡的简单直接，方力的归因也情有可原。但是，产品经理的工作目标是什么？是做成事！而不是把做不了的事情归因于程序员不配合。同时，这样的归因方式也难免会影响他的心态，让他在看待周围的世界时，总是觉得有满满的恶意，于是造成了对话双方的情绪对抗。这并不是解决问题的好兆头。

从"都是你的错"到"我们都没错"

"基本归因错误"和"双标"难以完全避免，但当你充分理解这背后的心理规律时，你会开始学着提醒自己，对他人尽量做到更客观更理性，不擅自揣度对方的恶意，不给别人乱扣帽子。这依然是同理心的体现。

假如你依然觉得无处下手，可以试着用"枕头法"[①]来练习提升客观看待分歧与冲突的能力。

1. 什么是枕头法

枕头法是由一群日本的小学生发展出来的，它可以帮助人们全方面、全视角地看待问题。问题正如枕头一样，有 4 个边和 1 个中心，所以该方法由此得名，如图 16.1 所示。

2. 哪些时候可以应用

在任何与他人存在冲突、分歧的情况下，如果你希望跳出自己的角度，更全面地审视问题，都可以尝试应用。例如：

- 跨部门沟通，当你提出一个需求，对方推三阻四时；
- 会议上，你和同事就某一个议题提出不同的观点，陷入僵局时；

---

① 罗纳德·B. 阿德勒，拉塞尔·F. 普罗科特. 沟通的艺术 [M]. 黄素菲，译. 北京：世界图书出版公司，2010.

图 16.1　枕头法

- 你的方案被别人挑战、质疑，你心有不甘时；

- 你觉得对方对你有恶意，在针对你和挑战你时……

3. 如何应用

第 1 步　分析情境，聚焦问题或分歧

简单地回忆一下冲突或分歧产生的原因与情境，明确最核心的问题或分歧是什么。

第 2 步　围绕问题开始尝试变换 4 种不同的立场来思考

立场 1：我对你错

这是人们在冲突和分歧中的第一反应，也是人们最原始、最自然的立场。在这个视角下，人们认为自己的观点都是正确的，而别人的观点与自己不同，就是错的。

立场 2：你对我错

转换到对方的立场，强迫自己站在对方的角度去思考、去想，自己的观点有什么薄弱之处，自己的要求有哪些不合理之处。

这并不是一个容易的过程，甚至是有些痛苦的，就好像在修炼左右互搏之术，去攻击自己本来要捍卫的立场。但这个练习的过程本身就是在锻炼人们转换视角的能力，也帮助人们理解其他人为何有他的坚持。

立场3：双方都对，双方都错

在完成上述两种立场的思考之后，可以得到一个结论，双方的坚持都有合理之处，同样，双方也都有可商榷之处。这件事并没有绝对的"你对我错"或"我对你错"，有的只是视角与立场的差异。

立场4：这个议题不重要

不管是在工作中，还是生活中，人们经常会和其他人争得面红耳赤，甚至在一个小问题上越陷越深，无法自拔。在那个当下，驱动你的是什么？是为了解决问题吗？不，更多的时候你已经忘了你们到底要解决什么问题，而是单纯地为了分出对错，决出输赢。

当你经过上述4个立场的思考之后，你会发现，这个问题的对错输赢反而没那么重要了。你们需要把更多的时间精力放在双方共同的目标上，放在那些可以影响最终结果的关键任务上。

第3步　与对方或自己达成和解：4个立场皆有真理

经历过以上4个立场的思考，人们会认识到，在绝大多数情况下，并没有绝对正确或绝对错误的观点与做法，生活或工作中的问题，不是一元 N 次方程，并没有唯一解。而那些与你不同的观点与立场，其实多少都有可取之处，是可以被理解的。

4. 实际应用

以下基于方力的例子来剖析一下。枕头法应用案例如图 16.2 所示。

第 1 步	分析情境，聚焦问题或分歧
情境：吴凡直接拒绝了我的需求，说无法实现，并没有给出解释。 问题：他就是不想满足我的需求，所以不肯想办法	
第 2 步	围绕问题开始尝试变换 4 种不同的立场来思考
立场 1：我对吴凡错 我提了一个需求，吴凡直接就否定，还不解释，说"说了你也听不懂"。这完全不是解决问题的态度。 立场 2：吴凡对我错 吴凡沟通风格比较直接，他并不是针对我，跟谁说话都是这样。 "不能做"的确是系统限制，是客观原因，不是主观不愿意。 立场 3：双方都对，双方都错 都对： 我着急解决问题，心情可以理解。 吴凡谨慎评估可行性，也可以理解。 都错： 我错在玻璃心，直接归因为吴凡不配合。 吴凡错在说话太直接，不照顾我的感受。 立场 4：这个议题不重要 吴凡是否故意不配合，其实并不重要，我们需要的是找到解决办法	
情境：吴凡直接拒绝了我的需求，说无法实现，并没有给出解释。 问题：他就是不想满足我的需求，所以不肯想办法	
第 3 步	与对方或自己达成和解：4 个立场皆有真理

图 16.2　枕头法应用案例

从"放下对错之争"到"聚焦问题解决"

"枕头法"这种思考方式和练习过程也许不能帮助你立即

解决眼下的问题，但至少可以帮助你做到以下这些：

- 尽可能打破"对自己宽容，对别人严苛"的双标模式；
- 认识到没有绝对的对错，在和别人沟通时，少较劲；
- 了解对方的出发点，减少双方情绪上的对抗性；
- 提升全局思考的能力，不纠缠于细节分歧，聚焦在双方的共同目标上。

小提示

具有同理心，并不是指在沟通中去"同意"别人。而是说，当你有同理心时，你能够理解对方为何持有这样的观点，并接受他持有和你不同的观点和立场。注意，是接受他和你不同，而不是全盘接受他的观点或立场。这是说服与影响对方的基础。

当你"放下对错之争"后，就能够把更多的精力聚焦在问题解决上。这时，你也可以更客观冷静地思考，如何才能影响与说服对方，从而解决问题。这才是更重要的事。

▷ B 版本的故事

方力是一位产品经理，在一次需求评审会议中，方力讲解了自己的产品优化需求。程序员吴凡指着资料说："你这个分类检索的功能，做不了。"

方力问："我记得上个月有一个功能和这个是类似的，我觉得实现方式应该也是类似的，是我的理解有偏差吗？"（对方说做不了时，询问原因，但不是质问。同时，不揣测对方不想做，不愿意做，真诚、坦白地与对方沟通需求解决方案。）

吴凡说："这个功能和上次那个看起来是类似的，但它们两个调用的不是同一个数据库，这次的数据库结构不支持你的检索。"

方力想了想，说："这个功能对我们来说真的挺重要的，上次用户调研的时候，60% 的用户都提到这个问题了。咱们能不能商量一下，看看有没有其他的解决方式？"（提到用户的需求，"关注用户体验"是公司的价值观准则，也可以被理解为双方的共同目标。）

吴凡沉吟了一下，说："那个数据库是好几年前搭建的了，当时的文档也不太全，我只能再想想看，即使能做也会需要两周的时间，现在排期这么紧，为了这个功能用这么长时间，是不是得评估下值不值得做？"

事情已经出现了转机，方力说："好，咱们回头一起听听部门老大的意见，评估一下。咱们继续往下过其他的需求？"（问题无法马上解决时，先留下空间，不陷入僵局。）

会议继续进行。

练习14　　使用枕头法转换立场和视角

回忆你上一次和别人发生冲突的情境，用枕头法转换立场和视角思考问题，看看自己会有什么新的收获。

当你尝试使用立场2思考时，如果觉得有困难，可以先探询他的冰山，再站在他的立场思考。枕头法应用练习模板如图16.3所示。

第1步	分析情境，聚焦问题或分歧
情境： 问题：	
第2步	围绕问题开始尝试变换4种不同的立场来思考
立场1：我对你错 立场2：你对我错 立场3：双方都对，双方都错 立场4：这个议题不重要	
第3步	与对方或自己达成和解：4个立场皆有真理

图16.3　枕头法应用练习模板

17 【理解上级】
不用喜欢你的上级，了解他就行

▶ A 版本的故事

林迪刚刚加入一家公司的市场部，担任市场活动策划专员。在此之前，他已经在这个领域工作了 3 年，积累了不少经验。

入职刚一周，直接上级王凯交代给林迪一个任务，请他负责近期一个市场活动中的网络营销部分的策划。

王凯给了林迪一些之前的活动资料做参考，同时大致讲解了这次活动主要的目标人群及传播点，还告诉林迪："你有初步想法了，可以先找我碰一下，没问题了再往下做更细的策划。"林迪欣然应允，他暗自想着："这可是我在这个新部门要打响的第一炮，我一定得拿出个出色的方案，让老板对我刮目相看，也能树立我在部门里的专业形象。"

接下来的一周，林迪可真的没少花心血，虽然王凯说让他拿个初步想法来碰一下，但是他给自己提了更高的要求，他不仅想提供初步想法，还想拿一个详细方案出来，这样才能显出自己的专业水平和努力程度。查资料、构思、写方案，加了好几天班，总算搞定了，林迪心里有点小得意。

周一的部门例会结束后，王凯留下林迪和几个同事，说要一起看看林迪的方案。林迪有点紧张，还有点小兴奋，他暗想：让你们看看我的专业性！

林迪打开长达40页的PPT，准备详细讲述一下他的方案，却发现王凯皱起了眉头："这么多页？不是说咱们先碰个初步思路吗？"

林迪解释说："是，您上次是这么说的，我就在思路的基础上多准备了一些落地执行的细节，也想请您一起看一下可行性。"

王凯说："行，那你讲讲吧，控制下时间啊，别超过15分钟。"

林迪想："15分钟，40页PPT好难讲完。嗯，我先讲着再说。"于是，他开始从第1部分讲解自己的策划思路。

刚讲完第4页，王凯打断了他："你这个思路有点偏差，你先告诉我，咱们这次的目标人群是哪些人？他们有什么特点？核心需求是什么？"

林迪有点蒙，但还是努力整理了一下思路，回答了王凯的问题。

王凯说："你的理解有问题，目标人群的特点不是这样的，上次我给你的资料里有一份数据调研，你没看到吗？"

林迪说："呃，我好像没印象了。"

王凯合上自己的笔记本电脑，一边收拾东西一边说："林迪，你这个方案整体思路不对，你对咱们用户的理解有偏差，你再看看我之前给你的资料。我另外约个时间再找你讨论。今天先这样吧。"

王凯走了，几个同事也走了。林迪有点蒙，还有点委屈。本以为辛苦加班至少能换来几句肯定，结果全是否定。而且，王凯根本就没有看完他的 PPT，也许后面的内容有价值呢？这么对待他，太打击人了……

▶ 故事的背后

假如你是林迪，你会觉得委屈吗？

他主动加班、超出上级的要求完成任务，还得不到认可，想想好像挺委屈的。可是，你们考虑过王凯的感受吗？

很多职场新人在和领导沟通的过程中，相对会更容易聚焦在自己的感受之上。

上级夸你，你会觉得小得意。

上级责备你，你会觉得沮丧。

上级漠视你，你会觉得失落。

当你体验着自己多变的情绪时，你有没有站在上级的角度思考过，在那个情境下，他的感受和需求到底是什么？

跳出自己的视角，培养对领导的同理心，做一个懂上级的下属，才能提升职场更多的可能性，获得更大的空间。

┃ 接受任务时：想想上级到底想要什么

王凯到底想要什么？其实他已经说得非常简洁明了了："你有初步想法了，可以先找我碰一下，没问题了再往下做更细的策划。"

王凯布置任务时一定有他的考量。他知道林迪作为新员工，虽然在专业领域有一定的经验，但不见得能把握好公司产品的核心价值与传播方向，所以他只要求林迪先出一个框架思路，经过讨论之后再往下做更细的延展。这样一方面不会造成林迪做无用功，另一方面也能保证最终方案的可行性。

然而，林迪并没有理解王凯的需求和意图。

为什么在王凯已经清楚表达意图的情况下，林迪还是没有理解呢？因为他那时太关注自己的感受和需求了。作为一个新员工，他非常希望能够在领导和同事面前展示自己的专业性，他攒着劲，想证明自己不仅可以完成任务，还能超预期完成。上级要个框架，他就要把落地细节也给出来，这才显得自己更专业、更努力。

然而，用力过猛不见得能获得认可。给得多不等于给得对，大方向错了，再多的准备也都变成了无用功。

林迪是用力过猛的典型，而在职场中，我也常常观察到有些下属在收到任务时，又显得用力不足，指一步走一步。

来看看这样的两段对话。

对话 1

上级：小左，明天有一个客户来参访交流，帮我预订一下 7 楼的会议室，上午 10:00—12:00。

下属小左：好的。（同时，转身就走。）

［半小时后］

下属小左：老板，会议室定好了。

上级：好的，你再帮我准备一些饮用水和茶歇吧。另外，会场需要重新布置一下，桌子摆成 U 形。

下属小左：哦。好的。

[半小时后]

下属小左：老板，饮用水和茶歇都准备好了，会场也布置好了。

上级：好的，不好意思，还得麻烦你帮我订一下明天的午餐，就在公司对面的那家餐厅，订个包间，我们 12:00 就过去。

下属小左：好的，我马上去办。

对话 2

上级：小右，明天有一个客户来参访交流，帮我预订一下 7 楼的会议室，上午 10:00 —12:00。

下属小右：好的。那咱们是不是还得准备点茶歇和矿泉水？我按 20 人来准备，您看合适不？

上级：可以。哦，对了，会场布置成 U 形。

下属小右：好的，没问题，明天我提前一点过去把设备也调试一下。你们会议结束后需要一起用餐吗？您看我是订个餐馆包间，还是准备工作餐？

上级：订个包间，就对面那个餐厅。

看出以上这两段对话中下属的差异在哪里了吗？

小左属于用力不足的"纯执行"型下属，上级交代什么，就做什么，完全没有发挥自己的主动性去思考上级更深层的需求是什么。也许，他回过头还会跟自己的朋友抱怨：我这个领导真是够呛，一件事分好几次说，不能一下说完吗？

上级没能一次把事交代清楚，的确有他的责任。可咱们并不能决定上级的沟通风格，也很难在短期内改变上级。所以，不妨向小右学习，真正站在上级的角度去思考问题，引导上级把指令说得更清楚。

当听到预订会议室的指令时，小右不仅仅局限于这一个要求，还能想到的深层需求是"保障会议的顺利举办"，于是，他从过往的经验出发围绕"会议顺利举办"这个需求引导上级一起来讨论更多的细节要求，把水、茶歇、设备、午饭等会议前期准备一并确认。这样一来，提高了沟通效率，节省了双方的时间，还能把准备工作做在前面。

小提示

做一个更懂上级的下属，接收任务时，不要只简单地执行，而是往更深层次去思考，他想要的到底是什么。

❚ 觉得自己付出得不到回报时，想想你创造的是功劳还是苦劳

林迪觉得很委屈，因为他真的很努力，加了一周的班，超出要求拿出一份方案，而上级不但没有给他任何肯定，连方案都没听完！

站在林迪的角度，可以理解他的委屈，但如果站在他的上级王凯的角度思考，又会怎样呢？

为什么对林迪没有任何肯定？

王凯已经清楚地交代了给个思路就可以找他碰，就是怕他自作聪明做无用功，结果他还是拿了这么个复杂的方案过来。花了那么多时间，但没创造价值，这种行为根本不值得倡导。在场还有好几位其他同事，如果对林迪表示了肯定，对其他同事就是一种误导。

为什么只看了 4 页就不再看后面的内容了？也许后面有亮点呢？

前面 4 页的内容就是林迪对这个项目的基本理解，包括对目标客户的理解、对产品价值的理解，这些是整个方案的出发点。林迪的理解有偏差，出发点错了，后面的内容再详细也没有用，王凯很忙，不可能再花更多时间去看一个出发点就已经存在偏差的方案。

看完以上的分析，你应该可以理解王凯了，上级要什么？要结果。当你觉得自己付出了很多心血却没有得到肯定和回报时，先别急着抱怨，请务必想一想，你的确付出了很多，但是否真正创造了价值？是否真的给了上级他想要的结果？你创造的到底是苦劳，还是功劳？

的确，我并不排除在职场中，有些上级会比王凯更关注下属敏感的心思，假如他们遇到了这个场景，会夸林迪两句，肯定他所付出的努力，再来指出他存在的问题。然而，你需要意识到，管理者有不同的风格，特别是在工作节奏快的企业里，王凯这种风格的管理者可不在少数。你不可能要求上级来适应你，你需要调整自己的节奏来适应不同风格的领导。

关注目标，拿结果说话永远是大部分管理者的核心诉求。做一个更懂上级的下属，用结果来赢取信任与肯定，有苦劳没功劳时，别苛求肯定与安慰。

┃ 被上级质询时，别急着解释和推卸责任

在职场，有时你的任务完成情况会达不到上级的预期，当上级就问题或偏差来质询你时，你会怎么办？

没有人喜欢被质询和批评，在这种情况下，多数人下意识的反应是解释：

- 我已经用了最大的努力想把这件事做好了；
- 出现了某种客观原因导致了最终的偏差，责任不在我；
- 这个事情的前因后果是这样的，您听我解释。

总之，你特别希望上级明白："我很努力，很尽心，我没错，别怪我！"

然而，假如你站在上级的角度去思考呢？当上级就一个出现偏差的事件询问下属时，彼时彼刻，他最核心的诉求是什么？你不妨给如表17.1中的领导的几个诉求来排序，你认为哪个应该排在第1位？请勾选出来。

表 17.1　领导的几个诉求

诉　　求	排　　序
追究到底是谁的责任	
了解问题出现的前因后果	
尽快让问题得到解决，偏差得到纠正	
避免以后再出现类似的问题	

你选了哪个？

我的选择是"尽快让问题得到解决，偏差得到纠正"，这是第一诉求。

假如第一诉求无法满足，这个问题已经发生，损失也已经造成，没办法补救了。那上级的第二诉求应该是"避免以后再出现类似的问题"，而"了解问题出现的前因后果"及"追究到底是谁的责任"都只是达成第一和第二诉求的手段而已。

按照这个思路，再来看一个例子。

上级要给公司高管做一次项目结项汇报，其中有几页PPT是小左写好以后发过去的，主要是一些图表和数据。离汇报开始还有半小时，上级发了一条微信给小左，说："这几页PPT为什么打开以后格式都乱了？图表中的数据标签也不能正常显示了？"后面还附了一个截图。

小左心里一惊，马上回复说："发给您之前我反复检查过好几遍，是没有问题的。怎么会这样呢？是不是笔记本电脑设置的问题？"

小左的回应就是完全站在自己的角度，他担心上级责怪他不认真，赶紧解释他已经反复检查过了，然后又尝试寻找原因：是不是上级的笔记本电脑的问题？可站在上级的角度考虑一下，再过半小时就要汇报了，数据显示不正常，他的需求是什么？当然是尽快把这几页PPT调整好！这时，小左告诉上级"可能是笔记本电脑设置的问题"，但并不确切地知道是什么设置出了问题，对解决问题能有什么帮助呢？如果你是上级，你急不急？

所以，应该如何回应呢？再来看看小右的回复。

上级要给公司高管做一次项目结项汇报，其中有几页PPT是小右写好以后发过去的，主要是一些图表和数据。离汇报开始还有半小时，上级发了一条微信给小右，说："这几页PPT为什么打开以后格式都乱了？图表中的数据标签也不能正常显示了？"后面还附了一个截图。

小右马上回复说："应该是笔记本电脑设置的问题。这样吧，我现在赶快在我的笔记本电脑上修改一下，生成图片格式保存后再发给您，这样您打开就不会有问题了。您稍等，5分钟后给您。"

5分钟后，小右发出修改后的版本，又发了个微信给上级："修改后版本已经发给您了，请您查收。这次是我疏忽了，您用的是苹果笔记本电脑，和我们的设置不同，以后我把图表都生成图片格式再放在PPT里。"

看出小右的回复方式好在哪了吗？

第一，先满足上级的核心诉求，让PPT能够正常显示，不影响开会。

第二，再分析原因，不推卸责任，而是积极地寻求未来的解决方案：以后我把图表都生成图片格式再放在PPT里。

小提示

被上级质询时，别急着解释或推卸责任，从上级的角度出发思考，先解决问题才是第一选择。

遇到困难时，一定要及时求助

你接到一个任务，信心满满、踌躇满志，跟上级拍了胸脯。做到一半时，却发现并没有预期中那么简单，好多突发事件搞得你灰头土脸，事情几乎停滞了。怎么办？

去跟上级说吗？当时接任务时满口应承，结果却搞不定，上级会不会觉得你自我认知不够清晰，过高估计了自己的能力？

老板会不会把任务交给别人？这可是你辛辛苦苦花了好多心血的项目。

算了，还是自己想办法吧。

这些都是站在下属角度的小心思。假如站在上级的角度，他会怎样想？

上级期待的是目标按计划完成，风险可控。下属能力与任务不匹配，就是最大的风险之一。每个上级在下达任务时，一定会从他的角度评估下属的胜任度，他会尽量把任务交给可以胜任的下属。然而，上级不可能精准地预估每个任务的复杂度，这就需要下属在出现风险和困难时及时告知上级，传递求助的信号。上级会在下属求助的基础上做出判断，是给资源支持，还是给技术指导，或者调整策略，甚至自己出面帮下属清除障碍。总之，万万不可让风险因为你的隐瞒而变大，变得更加不可控。

那如何求助呢？还是来看看小左和小右的方式。

中秋节快到了，小左接到了上级交代的任务，采购 200 份月饼礼盒，并加印公司 Logo，作为送给客户的礼品。小左去年就负责这项工作，轻车熟路。他顺利地走完了打样、签合同、预付款等流程，就等着收货了。结果，离收货日还有5 天，小左突然接到供应商的电话，说生产厂商那边下大暴雨，库房进水了，礼盒都被淋湿了，不能按时交货了，但他们愿意按合同赔偿。

小左慌了，这马上就要到给客户送中秋礼物的日子了，这可怎么办？他赶紧给自己的直接上级打电话："张经理，有个坏消息，供应商说库房进水，礼盒都被淋湿了，月饼肯定送不到了，这可怎么办啊……"

小左给自己的上级出了个难题，还是个问答题。再来看看小右。

前面的故事和小左都一样，不一样的是，当小右接到供应商电话后，他迅速打开笔记本电脑，找出去年礼品招标时的两家本地供货商，打电话过去问是否有月饼礼盒，以及是否可以加印 Logo，工期有多长。

心里有数以后，小右去找自己的上级，跟他汇报说："张经理，刚刚月饼供应商打来电话说他们的库房进水了，月饼没办法按时发货了。我刚刚查了一下去年的资料，有两家供应商可以提供足够数量的货品，他们可以用丝印的方式加印咱们的 Logo，这样跟原方案比会效果稍差一点，但工期还来得及。如果您觉得可以，我就叫他们下午赶快把样品送过来，您看成吗？"

张经理叹了口气，说："真是计划赶不上变化啊，竟然还能碰上这种事，行，你先让他们送样品吧，我也再想想还有没有其他渠道。"

小右的求助方式有什么不一样吗？他也是出了一道题，不过是一道判断题。如果你有足够的资源，还可以给上级选择题。

假如你真的没有能力和资源给上级备选方案，那么至少，不要两手一摊，跟上级说："这事我搞不定了，你看怎么办吧。"而是明确清晰地提出具体的请求，也就是你希望他如何来帮助你，例如，你可以说：

"您能帮我和那个部门的领导打个招呼吗？"

"您可以把之前的一些供应商资源介绍给我吗？"

"这个事情上我没有解决思路，想听听您的想法。"

小提示

遇到自己搞不定的、判断不了的事情时，一定要及时求助或请示。求助要有方法，要么把自己的建议告诉上级，让他给出指引和方向；要么清晰明确地提出自己的诉求与期待。

沟通汇报时从对方角度出发提供信息

当面沟通汇报时，尽可能简明扼要，先把对方最关心的信息（如结论、关键数据等）提供给对方，再围绕对方感兴趣的点展开细讲。上级每天处理的信息比你多很多倍，你必须帮他做筛选。

当你通过微信沟通工作时，尽量发文字消息，不要发语音。两个原因，第一，你并不知道你的上级是在什么情况下打开微信的，很多场合并不适合听语音，但大多数场合都可以看文字消息。第二，听 60 秒的语音，要花 60 秒，但看同样的文字信息只要 15~20 秒。学会帮助别人（尤其是上级）节省时间，是职场人的优秀品质。

当你想要占用上级多一点的时间来沟通方案时，提前约他的时间，告诉他沟通的目的和预计时长，因为他要面对很多人，如果总是被不同人的没有计划、没有预约的沟通打乱时间表，他的工作效率会受影响。有些管理者会拒绝临时找他沟通事情的请求，会告诉你，如果不是特别急的事情，可安排在某时间段处理。当你遇到这种情况时，别觉得他架子大，他只是在有效地管理自己的时间，而不是被下属追着跑。

与上级相处的特别提示

部门的工作无法顺利推进时，别急着归咎于你的上级，觉得是他无能。站在他的角度思考，其实有很多你无法理解也超出了他控制范围的影响因素，如高层的意见分歧、公司战略方向的调整、其他部门的人员变化等。在大多数情况下，你的上级不会比你蠢，他们能够在一个组织中脱颖而出，成为团队的领导，一定有他的过人之处。如果你一直觉得你的上级能力不够、决策不力，但他还能稳定地待在那个岗位，那么，你也得想想，真的是你的见识与能力超过了你的上级吗？还是你自己没有跳出思维的局限？

如果你觉得和上级之间的互动遇到了问题，别急着抱怨自己遇到了一个"坏"上级。上级不是怪物，他们和你一样，都是具有正常思考方式和正常情绪反应的人，当你觉得他暴躁、难沟通、不近人情时，也许是因为你还站在自己的角度思考，从自己的感受出发。我并不排除，职场上的确有不够好的上级，但如果你觉得自己一直碰到的都是不好的上级，你就要想想，真的是你运气不够好吗？还是你可以转换一下视角？

在职场里，觉得与上级难相处时，也许是你突破舒适区、寻求自我改变的机会。试着多站在上级的角度去思考，你一定会有不同的收获。

管理学大师彼得·德鲁克说过：你并不需要喜欢你的上级，了解他就行。观察和了解上级偏爱的工作方式，主动做出调整来适应他的沟通风格，学会为你和上级之间的人际关系负责，而不是被动地忍受或抱怨。这是每个职场人成长中重要的一步。

最后，还有一个问题，假如真的遇到了一个"坏上级"，打压你，PUA 你，那应该怎么做？我将会在第五部分与你探讨。

▶ B 版本的故事

林迪刚刚加入一家公司的市场部，担任市场活动策划专员。

入职刚一周，上级王凯交给他一个任务，做一份策划方案。王凯给了林迪一些活动资料做参考，还告诉他："你有初步想法了，可以先找我碰一下，没问题了再往下做更细的策划。"

接到任务后，林迪先花了半天时间认真研读王凯提供的资料，提取出关键信息做了摘要。然后又根据自己的理解，把王凯讲解的活动目标、覆盖人群、传播点梳理成了文字，并在此基础上构思了一个大的方向。

完成上述工作后，林迪约了王凯半小时的时间，一起把目前准备好的内容先碰一下，看大方向有没有问题。王凯看过之后，认为林迪的大方向是可以的，但存在一些问题，于是帮他做了分析，也给了一些建议。

王凯说完，林迪回应说："嗯，听您这么说完，我思路更清晰了，之前总觉得这几个地方想不通，原来是思考方向有问题。我马上就改一下。"

王凯点点头："适应新环境和咱们公司的做事风格，的确需要一点时间，咱们也多沟通，有任何问题不用闷着头自己琢磨，随时找我。"

林迪使劲点点头，说："好的，谢谢您，那我去做下一步落地方案了，有问题再咨询您！"

> **练习15** **被上级质询时应该如何做**
>
> （1）回忆你上一次被上级就某个错误或偏差质询时，你是怎么说的？你的第一反应属于以下哪种情况？在你所选选项前的"□"中打"√"。

□ 解释：说明偏差出现的前因后果。

□ 证明自己没有责任：辩解说自己已经付出的努力，强调客观原因。

□ 承认错误：承认自己的确有疏忽。

□ 提出改进：马上拿出纠偏的方案，或者向上级表示自己马上开始尝试行动以纠正偏差。

□其他。

（2）尝试站在老板的角度去思考一下，你上次的反应有可以改进的地方吗？准备如何改进？

第 5 部分

做更自如更自在的你

职场中的人际关系打造

在职场的社交中，人们希望自己可以是"自如"和"自在"的。

"自如"，是指张弛有度，不客套不生硬，用真诚帮助去赢得信任和支持，让人际关系成为职场的助力。

"自在"，是指不勉强自己去讨好和迎合所有人，不勉强自己频繁出席并不喜欢的社交场合，在这种"自在"的状态下，发挥个人优势去征战职场社交。

18 【突破个性】
用内向者的气场征战职场社交

▶ A版本的故事

陈轩正在某知名大学攻读法学专业硕士，明年即将毕业。他专业能力强、理论功底扎实、逻辑缜密，做案例分析、模拟法庭、文书撰写，都得心应手。凭借出色的专业能力，他获得了一家业内知名律所的实习机会，他也期待能够在实习后留下来成为一名律师。

实习的第一个月，陈轩发现要成为一名优秀的律师，除了自己引以为傲的专业能力，还需要非常强的人际交往能力。上周，他的带教律师请客户吃饭，特意把陈轩带上。席间，陈轩看到带教律师跟客户自如地聊天，话题从金融投资到育儿焦虑，可陈轩却完全插不上话。他全程沉默，觉得自己是个局外人。回程路上，带教律师说："陈轩，面试时感觉你挺健谈的呀，没想到你其实还挺内向的。得锻炼！"

没错，陈轩就是人们常说的"I人"。他不喜欢社交，也不喜欢成为人群中的焦点。但是，他认为面试官们会更喜欢外向的、擅长表达、热情开朗的求职者，而他又比较善于在短时间内调动起自己的能力，假装自己是个健谈的、热情的人。于是，他在群面时竞选成为本组的小组长，又凭借自己良好的逻辑控制住了整组的讨论节奏。他可以做到，但又觉得这不是最真实的自己。如果可以，他更想坐在角落，安静地听别人讨论，自己一言不发。

陈轩第一次对自己的职业理想产生了怀疑。在原有的规划中，做律师—越来越资深—成为律所合伙人是一条清晰明确的成长道路。可是，听前辈们讲，公司合伙人的主要任务之一就是去发展客户、搞定客户，自己真的可以吗？

⊙ 故事的背后

你是否和陈轩有着同样的困扰？在这个小节，我想和你讨论以下问题：

- 内向就意味着一定不擅长社交吗？
- 性格的内向和外向，与情商高低有关系吗？

内向的伙伴们，在这个崇尚社交的社会与职场中，应该如何发展自己的人际关系？

关于"外向"和"高情商"的大众谎言

在很多人对于情商的认知里，可能存在着一个误区——外向的人大多情商比较高。这个误解的来源，是因为外向的人通常能说、爱说，善于与陌生人迅速拉近心理距离，爱交朋友，这些看起来似乎都是高情商的标志。

实际上，外向和内向是指一个人的性格倾向性，而情商则是一组与情绪相关的能力集合，两者之间并没有必然的联系。

1. 性格倾向性：内向和外向

随着 MBTI 的流行，年轻人在聊天时常常用"E 人"和"I 人"来描述自己。所谓 E，是指 Extraversion，外倾。而 I，是指 Introversion，内倾，也就是我们在口语中常常说到的外向和内向。

E 和 I，都是在描述人的性格特征，性格是指人们在先天因素和后天环境的共同作用下，形成的相对稳定的心理特征和行为倾向。心理学泰斗荣格在《心理类型学》中提到了区分内向、外向的两个维度。

维度 1，他们更容易被哪些信息吸引？

内向者往往容易被自己内心世界的想法和感受所吸引，而外向者则倾向于关注人们外部的生活及活动。

维度 2，社交对于他们而言是获得能量的过程，还是消耗能量的过程？

外向的人在社交过程中可以获得能量，他们享受在人群中的感受，愿意与人交谈，乐于表达自己的感受，也因此显得更合群。

内向的人在社交过程中消耗能量，而独处是他们的充电方式。所以，内向的人更喜欢独处，不爱轻易透露自己内心的感受，也因此可能显得有些孤僻。请注意，此处用了"可能"，因为内向的人同样可以成为一个擅长社交的人，出于他们天生的优势，在社交中，他们更善于倾听，也可以用他们的方式获取他人的信任和喜爱。

2. 性格倾向性与情商

我想先区分两个概念，一是"喜欢做"，二是"擅长做"。前者代表的是意愿，后者是能力。性格倾向性中的内向与外向，体现的是意愿，也就是你是否喜欢、享受社交。而情商是一组能力，其中有部分能力体现的是你是否擅长社交。

做完这个区分，你会发现，性格倾向性与情商的高低并没有必然的联系。假如留意观察，你一定能在人群中找到如图 18.1 所示的四种状态的典型代表。

图 18.1　四种状态的典型代表

- 高情商的外向者

高情商的外向者通常是社交高手，他们爱表达，但懂得适可而止；他们可以恰如其分地表达自己的感受，也善于理解别人的需求，并能够给予对方及时又恰当的反馈；他们能够不断开启新话题，却不局限于自己擅长或感兴趣的领域，而是能够找到对方的兴趣点，让对方有表达的欲望和机会。

- 低情商的外向者

低情商的外向者更容易以自我为中心，喜欢表达，却不在意对方是否对这个话题感兴趣；他们也爱探听和询问，却可能掌握不好分寸，可能会问到一些对方不愿意谈论的话题，却没有意识到自己已经越过了社交边界。

他们的情绪丰富，也乐于表达自己的感受，却不在意听众是不是愿意听。他们兴奋的时候很多，但情绪稳定性可能不够好，所以你会观察到他们很容易就从兴奋开心的状态跌落到失落伤心的情绪谷底，他们的情绪如同过山车一样，常常在开心与失落两种极端情绪中波动。

- 高情商的内向者

人际交往并不见得是他们喜欢和享受的事情，但他们同样可以有良好的人际能力。高情商使他们有良好的自我激励能力，并因此带来很强的目标感，他们知道自己要什么，也能够在形势需要的时候让自己突破舒适区，展现自己的表达与沟通能力。高情商也让他们可以观察到交谈对象的情绪与需求，提出对方有兴趣的话题。与高情商的外向者相比，他们倾向于逃避无效的社交，把有限的精力用在高质量的社交上。

- 低情商的内向者

社交是一件让低情商的内向者觉得难受的事，他们会让人觉得高冷，或者羞怯，在社交场合惜字如金，或者偶尔冒出几句不合时宜的语言。但是，也不要轻易否定他们的潜力，他们的确不善于做和人相关的事情，却非常有可能因为自己在智商领域的优势，成为某个特定领域的专家或高手。

看完以上描述，你是不是已经默默地在为自己定位了？当然，上述的描述只是一个粗浅而笼统的分类。情商是一组能力，可以分为几个不同方面，而每个人在不同能力特质上的表现各有高低，这些特质再加上内外向，便会形成不同的组合。所以，这个世界上才会有复杂而迥异的个体。

> **小提示**
>
> 在职场中，大多数人并不见得一定有那么鲜明的象限归属，因为无论是情商的高低还是性格的倾向性，都是一个连续的变量，而不是 0 或 1 的两极分化。荣格也说，这个世界上没有绝对的内向者，也不存在绝对的外向者。如果真的有那么一个人，那他必然是个疯子。所以，别急着给自己贴标签，关注自己到底落在哪个象限，而是想一想，我能够从哪个维度寻求改变。

3. 提升情商还是改变性格

苏珊·凯恩在《内向性格的竞争力》一书中提到："我们生活在一个外向理想型的价值系统中，几乎每个人都坚信最理想的自我状态是善于交际的、健谈的，即使在聚光灯下也谈笑自如。[1]"

---

[1] 苏珊·凯恩. 内向性格的竞争力 [M]. 高洁，译. 北京：中信出版社，2016.

是的，由于外向者通常更合群、更开放、更热情，人们倾向于认为外向者更容易受到主流社会的认可。所以，总有些内向的人苦恼于如何把自己的性格变得外向一些。如果你是一个内向者，而又希望自己能够在社交场所变得更游刃有余，你也许会尝试伪装成一个外向者，强迫自己做出变化，但你又难以真正享受这种做法，因为你觉得似乎没有在做自己。我也是个内向者。那些在社交人群中的不自在，饭桌上推杯换盏后的疲惫，电梯空间里没话找话的尬聊，我都懂。

在成年之后，一个人的性格很难改变，伪装成"外向者"的确太难。而图 18.1 却提示人们，当一个内向者希望提升自己的社交能力时，更有效的途径并不是改变性格，而是寻求在纵坐标上的移动，保持自己内向的特质，但试着提升和修炼情商。

▍用内向者的气场征战职场社交

1. 发挥自己的天生优势

作为内向者，当你看着聚光灯下的外向者自如地表达感受与想法时，你需要意识到，"更活跃"和"更受欢迎""更受喜爱"并不能画等号。内向者在人际关系的构建中有自己不可替代的优势。

● 善于倾听

在一个人人都追逐表达自我的年代，善于倾听是一个特别宝贵的特质。和一个会倾听的人聊天，是一种非常减压的过程，你会感觉"被听到""被理解""被认同"。

内向者往往是天生的倾听者。因为他们不爱太多地表达自己的感受和想法，在社交中会把更多的时间留给倾听。对于一个高情商的外向者而言，他需要常常做的事情，就是提醒自己克制多说的欲望，而内向者几乎不需要额外的努力，就可以自然而然地做到这一点，这也是让别人愿意和他们聊天的一大法宝。

所以，当你处在社交场上时，不用强迫自己刻意参与自己并不擅长的话题，去发表什么高见，就用你最自然的姿态，用真诚态度，去倾听与观察，听到好奇或有趣之处，就给一个真实的提问或回应。四两拨千斤，这种做法反而会让更多人觉得你是值得信赖的倾诉对象。

● 不轻易露锋芒

当你结识一个陌生人时，有可能出现以下 3 种情况。

第 1 种，你对他的第一印象超级赞。他怎么懂得这么多！他真的是个好有趣的人。然而，一段时间接触下来，你可能有点失望，原来他并不像一开始自己包装得那么好，之前说能帮你的忙后来也并没有完全做到。

第 2 种，你对他并没有太多特别的印象，觉得他很一般。之后，随着接触的增多，你对他的印象也一直在加分，你发现他有非常多的闪光点，只不过他比较低调，并没有在一开始就做过多的展现。

第 3 种，就是多交往之后的印象基本维持和初始印象一致。

在社交中，别人对内向者往往是第 2 种情况。虽然内向者也希望在第一时间让别人看到自己的好，但先收敛锋芒和光彩，再一点点释放的过程，也不失为一种让别人更欣赏、更信任的方式，低调、靠谱、不张扬，不过度承诺，这是在浮躁社会中非常优秀的特质，在以建立长期关系为导向的社交中，也一定会有真正懂得内向者的人去欣赏。

> **小提示**
>
> 以上两点并不一定是每个内向者都具备的优势，只是说基于内向者的天性与特点，他们更有可能具备这些特质。观察与探索一下，你在社交中的优势是什么？你可以如何发挥这些优势？

2. 发展自己的"自由特质"

"自由特质"是由苏珊·凯恩在《内向性格的竞争力》一书中介绍的概念。作者在书中讲授了一个内向者布莱恩·利特尔教授的故事。从1979年开始，利特尔每年都会受邀到圣让皇家军事学院做演讲，院方每年也都会邀请他共进午餐。作为一个内向者，当众演讲已经消耗了太多能量，那个必须要闲聊的午饭让他难以负荷。所以，他每年都托词自己对船舶设计非常有兴趣，他希望午餐时间可以去距离学校不远的黎塞留河畔欣赏往来的船只。这当然是一个不能被拒绝的理由，于是，他常常在河畔独自踱步以度过整个中午，假装沉浸在自己的兴趣之中。直到有一天，这所学校搬到了内陆，失去了这个借口的利特尔，只能在午餐时段躲进卫生间。

利特尔这么内向，他是如何做到在公众演讲中自如大方地侃侃而谈的呢？利特尔教授给出了答案。他认为先天的因素和后天的教育、文化和社会环境赋予了人们某些性格特征，如内向，但人们可以在"个人核心项目"中超越自己的性格特征，展现出另一面。也就是说，人们可以为了那些自己热爱的、看重的人、任务或工作，表现出自己相对外向的一面。利特尔把这个理论命名为自由特质理论。

如何找到个人核心项目？如何发展和发挥自己的自由特质？

以下是一个关于"内向的人如何开展社交"的真实故事。这篇文章的作者是知乎大 V、某知名互联网公司副总裁王洪浩，转载已经获得本人授权。

我是一个内向的人，我来跟大家聊聊社交如何改变你的人生。

重要的人生体会先说：用你的好奇心努力去连线你生活圈之外的有趣的人。如果你害羞跟熟人说话，那就试试跟陌生人说话吧，反正他也不知道你内向。

2001 年是我还在清华大学汽车系读本科的最后一年。

我成绩一般，又特内向。正如微信的张小龙所说的，一个内向的人会更加擅长利用互联网交流。当时我对未知世界充满着好奇。我在大学业余时间做了这些事——给全世界的汽车设计师发邮件，告诉他们中国车不怎么好看，他们是不是愿意来中国；我可以给他们在中国做宣传。我用谷歌找到了很多设计师的联系方式。没有想到真的好多设计师回信了。如今我跟他们中的一些人成为好朋友。例如，奥迪前首席设计师 Erwin Himmel，如以前负责迈巴赫原型车项目的 Stefano Ardgana。

后来这些设计师真的来了北京。我也真的给他们找了好多记者做宣传。大家知道我是怎么做的吗？在谷歌上查中央电视台的电话号码，从总机打起，告诉他们有欧洲大牛设计师来中国，推荐他们来采访。

我当时有电话恐惧症，我把我所有想说的话和可能被问到的问题都写在一张纸上——结结巴巴、手忙脚乱地跟电话那边的陌生人对话。

中央电视台的人问我是哪个领导安排的，我说没有领导。你们不采访很可惜啊，很少有欧洲设计师来中国的……最后中央电视台《对话》节目主持人杨锐对这份采访申请感兴趣。我和那些老外设计师居然进入了迷宫一样的央视内部，好酷的体验。这期《对话》节目是在 2003 年年底录的，春节前播出。

除了中央电视台，我还凭谷歌上查的电话号码，带着设计师们去了中央国际广播电台，那是直播节目。设计师们说想认识认识国内的汽车企业。我就在网上查一汽、二汽、奇瑞等好多公司的总机。一层一层往下打，一汽那边最后是当时的副总安铁成接了我的电话，安排了汽研中心接待。然后呢，我就开始认识像常冰这样的国内汽车设计师（如今我们还是很好的朋友）。在二汽，接待我们的是二汽的副总黄松。

因为我认识的设计师多，知道的故事多，我业余时间就有资本给当时的很多杂志写文章，如《汽车之友》《名车志》《汽车族》《座驾》《车王》《汽车导报》……我作为自由职业者特别高产。于是就有出版社——电子工业出版社发现了我。他们交给我很多书来翻译，如 David Kiley 的《体验宝马》、Chester Dawson 的《雷克萨斯：追求完美近乎苛求》、David Magee 的《感悟福特》、Leslie Butterfield 的《激情不灭：梅赛德斯奔驰》。

翻译宝马的书时，我邀请了一位朋友何明科一起。何明科当时在波士顿咨询公司工作。邀请他的原因很简单，波士顿咨询公司可以报销员工加班时的晚餐费。我还是穷屌丝的时候，总去北京国贸波士顿咨询公司蹭晚饭。何明科是一个狠角色。他半夜在公司给美国打长途电话，直接拨给宝马美国的设计中心，求跟那个设计室的负责人 Adrian Hooydonk（他是现任宝马设计副总裁）直接对话。我自己呢，也跟 David Kiley、Chester Dawson 成为朋友。认识这些人对自己的帮助蛮大，因为他们在汽车企业国际公关圈很有影响力。

翻译 David Kiley 的《体验宝马》帮我赢得了宝马的面试。我差点进了宝马的公关部。但翻译 Leslie Butterfield 的《激情不灭：梅赛德斯奔驰》帮我赢得了奥美广告的面试。这是一本探讨奔驰百年品牌营销策略的书。后来我去了奥美帮助品牌做策略。

我在奥美工作期间，宝马的公关总监马静华找到我，她想看看是什么人翻译的这本书。她还让 PR team（公关团队）给我找了一辆宝马 325 开一段时间。当我开着宝马 325 去跟中国移动客户开会时，大家瞬间接纳了我这个蹩脚的客户经理。大家速速结束了会议，下楼玩车去。我今天跟奥美这票广告圈和营销圈的朋友关系依然很好。

当年我的搭档何明科后来介绍了好多波士顿咨询公司的朋友给我认识，确保他出国去斯坦福读 MBA 后，我依然可以找到人蹭晚饭——真的，我当年在国贸三个贵州人没少蹭吃。再后来，又认识了好多好多斯坦福毕业的同学。再再后来，这些毕业于斯坦福大学中的一位——贝塔斯曼公司的龙宇前辈推荐我去了易车公司。

来易车公司之后，10 多年前认识的那波设计师朋友又开始发挥作用了。他们教我如何包场纽博格林北环赛道，介绍欧洲年度车评委 Michael Specht 给易车打工，介绍日本年度车评委中谷明彦给易车打工，将日本 Motor Fan 杂志版权引进中国……

此时此刻，编辑以上文字时，我正在日本茨城县。中谷明彦帮助易车网包场了日本驻波赛道，我们邀请了接近 10 家汽车媒体与我们一起做 Civic Type R、Honda S660、Mazda MX-5 等 8 款车的评测。日本拥有 50 年历史的 Top Car 杂志的工作人员特别好奇，怎么这么一帮中国人跑来日本包场赛道。他们要求对我进行专访——这将是我第一次接受国外大媒体的正式采访。

有朋友说我社交能力怎么这么强。其实真实生活中，我不是那么喜欢说话的人，尤其在熟人圈。一方面是害羞，另一方面是找不到有趣的话题。那么为什么上面的故事会发生？在我看来，社交不是为了认识谁，不是为了保持关系，而是认识之后大家一起发生"化学反应"。不要以为二氧化碳不能点燃，你拿二氧化碳去点一下 Mg（镁）试试……那画面太美，我不敢看。

以上是我过去 15 年的一些小故事。每个人都可能为你打开一扇窗，为你带来新的可能性。

再一次重复开始的话：用你的好奇心努力连线你生活圈之外的有趣的人。如果你害羞跟熟人说话，那就试试跟陌生人说话，反正他也不知道你内向。

这真的是一个超精彩的故事，对不对？也许你会感慨说，这位大 V 毕业于清华，英文又好，本身起点就很高，他的成功无法复制。但我想说，你的确不可能复制他的成功，也不需要复制他的成功，但你一定可以从他的社交策略中获得以下几点启发。

● 找到个人核心项目

根据利特尔教授的理论，个人核心项目是指那些"你认为有意义，可以进行管理、没有太大压力，还会得到别人支持的事"，也就是那些你真正热爱的、擅长的、愿意为之付出努力的领域。

在刚刚的那篇故事中可以发现，故事的主人公描述的社交几乎全是围绕着"车"这个领域来的，这是他大学的专业，也是他真正热爱的领域。他在这个领域有钻研也有积累，而社交让他积累的学识与经验有了发挥余地。

如何找到自己的个人核心项目？你可以回忆一下，自己儿时最感兴趣的事情是什么？哪种类型的工作能让你全身心地投入？当你观察周围人的工作状态时，谁的工作内容和状态是你最向往的？从这些问题中寻找答案。

● 明确社交的意义，减少无效社交

社交的意义是什么？带来人际关系，擦出火花，创造机会。
那么，什么样的社交才能带来这样的机会？

当你强迫自己参加一个让你心累的饭局时，你在席间听别人高谈阔论，和同桌的十几个人混了个脸熟，变成了下次饭局上的点头之交。这种社交对你有价值吗？

当你在一个行业论坛上，拿着手机加了几十个人的微信，或者换了一堆名片时，你看着这些名片或微信头像，却压根想不起来他们到底长什么模样。这种社交对你有价值吗？

作为一个内向者，你并不享受"社交"本身，那就不要强迫自己为了社交而社交。每次去开展社交之前，一定要明确这次社交的价值和意义是什么，才能避免被大量无效或低效的社交消耗掉你的心力和时间。

当你纠结于要不要去参加一个饭局时，试着想一想，这场饭局上有你特别想认识但没有其他机会结交的人吗？认识他以后你会在一段时间内联络他洽谈工作事务吗？如果并没有，而且自己也并不享受这顿饭，那就干脆不去。毕竟，外向的人在社交中充电，而内向的人在社交中耗电。电量有限，要省着用。

同样，刚刚故事里的主人公，给欧洲的设计师写信、拿着纸磕磕巴巴地给中央电视台打电话，他在做这些事情时，内心非常明确这些社交动作的意义。还记得他在文中的那句话吗？"社交不是为了认识谁，不是为了保持关系，而是认识之后大家一起发生'化学反应'。"

是的，你和少数人建立的真实的、地道的、能够产生"化学反应"的人际关系，远比手中攥着 N 把名片和微信朋友圈里有上千个联系人有价值。

● 给自己充电的机会

最后送给内向者们的提示是，在每一次消耗能量的社交之后，给自己预留充电的机会，利特尔教授把这个称为"充电壁龛"。

充电壁龛，可以理解为一段独处的时间，或者一个独处的空间。在这段时间或空间里，你可以为自己充电。

回到陈轩的故事，在入职律所之前，他有一个纯粹又美好的愿望：依赖出色的专业能力成为知名律师，而现实却让他陷入迷茫，原来只依赖专业能力远远不够。

事实上，职场中的大多数岗位都需要通过影响他人、与他人协作来达成工作目标，完全不需要社交的岗位几乎不存在，只是社交的程度不同而已。作为一名内向者，当你去选择一份工作时，不要仅仅因为这份工作需要社交就马上下结论说自己不合适。你可以评估一下，这份工作中人际工作的占比有多高？在这份工作中，你是否有一定的时间可以花在内向者更享受和更擅长的事情上，如独自处理调研数据、独自写一篇科研报告、独自完成一段程序的开发？这些就是你的"充电壁龛"。假如一份工作为你提供了足够的充电机会，也能让你发挥个人优势、创造价值，那么，我的建议是，先发挥优势，把擅长的事做好，再尝试一小步一小步地突破个人舒适区，去做有意义的社交。

在认知自己的基础上接纳自己；

在理解个性的基础上突破个性；

在尊重内心的基础上去培养能力；

让我们用内向者的气场征战职场社交！

▶ B版本的故事

陈轩正在某知名大学攻读法学专业硕士，明年即将毕业。凭借出色的专业能力，他获得了一家业内知名律所的实习机会，他也期待在实习后能够留下来成为一名律师。

实习一个月，陈轩第一次对自己的职业理想产生了怀疑。在原有的规划中，做律师—越来越资深—成为律所合作人是一条清晰明确的成长道路。可是，听前辈们讲，公司合伙人的主要任务之一就是去发展客户、搞定客户，作为一个I人，自己真的可以吗？

前几天，陈轩帮带教律师去接待一位客户，因为之前过于纠结这个问题，他对与客户打交道甚至产生了一些恐惧，整个过程都显得分外局促，度秒如年。客户离开后，陈轩觉得自己在客户那减了分，很是沮丧。带教律师王律看出了他的困惑，约他聊了会天。

陈轩向王律倾诉了内心的困惑，王律回应说："这次的确表现不好，但没必要把这件事上升到一个所谓的人生方向、人生选择上，也不需要对自己的专业能力产生怀疑。每个人成长都是这样的，碰上事，遇到坎儿，知道自己欠缺什么能力，就再去历练。待人接物这件事，的确跟性格有关，但更多的是可以通过练习去提升的能力。你多观察前辈们是如何跟客户打交道的，心态放轻松，慢慢锻炼。别急着给自己下定论。"

王律的话让陈轩感到些许安慰。他想起前段时间在网上看到的成长破圈模型（见图 18.2），每个人的成长都需要突破舒适圈，刚刚迈出舒适圈后，会面对一个恐慌圈，有些人在这个区域就退回去了，能坚持下来，持续行动，渐渐就会进入学习圈，真正获得心态和技能的提升。

勇敢地踏入恐慌圈吧，陈轩对自己说。

成长圈
找到目标、看到价值、长期主义

学习圈
刻意练习、试错、复盘修正

恐慌圈
陌生环境、不擅长的任务、没把握、有压力

舒适圈
熟悉的人、擅长的任务、安全可控

图 18.2　成长破圈模型

练习16　　　　　自我定位与规划

（1）探索与了解自己的性格倾向。

也许你还不是非常确认自己到底属于外向还是内向。没关系，因为这世界上的确有很多人并不是典型的外向者或内向者。如果你想更准确地了解自己，可以关注我的微信公众号"刘琳的职场漫记"，回复"内向"获得一份测评指引。

（2）假如你是个内向者。

想一想如何打造自己的职场人际关系？请思考以下问题。

你的优势是什么？你希望如何利用这些优势？

你的个人核心项目是什么？

你需要减少无效社交吗？如果需要，你准备减少哪些社交活动？

（3）无论你是内向者还是外向者，都请思考以下问题。

今年你想实现的工作目标是什么？

今年你需要完成的主要任务是什么？

在每一项任务中，与谁的合作是必不可少的？谁的支持和配合是绝对必需的？

你将如何与他建立人际关系？

19 【把握分寸】
说得太多和说得太少

▶ **A 版本的故事**

吴天天大学毕业一个月，正式成为一名职场新人。

天天性格外向，活泼开朗，心直口快，她一直觉得自己最擅长的事情就是在短时间内和别人变得很热络，也就是大家常说的"社牛"。现在要征战职场了！吴天天充满信心，融入新环境？没问题，我肯定能搞定！

上班第一天，天天就快速地记住了团队里每个人的名字、长相和特点，还找到了一个可以一起同路下班的小伙伴。这个小伙伴名叫小末，比天天早两年进公司，她和天天住得很近，所以每天下班可以一起坐 40 分钟的地铁。

小末性格沉静，乐于助人，平时天天碰到什么不明白的问题，找小末问，她都会很耐心地帮天天解答。天天好喜欢这个小姐姐，每天在回家的途中，也会拉着小末各种聊天。

"隔壁公司有个哥哥好帅啊，正是我喜欢的类型！可惜我已经有男朋友了，不然肯定去追他！"

"哎，昨天又和男朋友吵架了，他太可气了，我跟你讲讲……"

"老板交给我的工作任务好难啊，你说，他是不是故意要考验我？"

"公司给应届生的工资开得有点低啊，我一个月到手才5 000元，交完房租剩下的钱只能紧紧巴巴地用，小末，你工资是多少钱啊？"

......

大多数时候，小末都是微笑着听，或者给一点回应："是吗？""这样啊！""嗯嗯。"就是这一点回应，又能让喘了一口气的天天继续巴拉巴拉说上几分钟。

一星期之后，小末跟天天说，她晚上报了一个爵士舞培训班，每天下了班要先去上课，不能跟她一起走了。天天有点失落。

然而，某天下班时，天天在下班的地铁上发现了远处小末的身影，她一个人戴着耳机坐在座位上，手里还拿着电子书认真地看。那一瞬间，天天觉得好伤心，什么学跳舞，都是借口，就是不想和我一起下班了！我这么喜欢她，还和她讲好多心里话，没想到竟然会这样......

▶ 故事的背后

天天的问题出在哪儿？

性格外向、活泼开朗的她，为什么变成了别人想要躲着走的人呢？在这一小节，我们将一起探讨以下问题：

在职场社交中如何把握好分寸与尺度？

如何根据环境与对象选择"自我披露"的程度？

自我披露的概念和层次

1. 什么是自我披露

"自我披露"是一个心理学概念，通俗地说，是指在人际沟通中自愿把关于个人的隐私信息或观点、态度展示给他人的行为。

自我披露的程度高低与友情或爱情的亲密程度有着直接的关联，通常情况下，人们会对最亲密的人进行较深程度的自我披露。而对不算太熟的人，人们更愿意聊聊天气、美食之类的安全话题。如果有人在一段亲密度还不够的人际关系中，突然爆出关于自己的猛料，对方反而会觉得被吓到。

反过来说，适度的自我披露可以促进人际关系的亲密度与信任感，并促使对方进行自我披露。相信你一定有过这样的体会，当你和自己的闺密或哥们儿分享过内心中不为人知的想法后，你们之间信任程度与依赖程度也加深了。

那么，问题来了，如果大家都停留在聊天气的层面上，谁来做先披露的那个人？披露的多少算合适？怎么知道抛出的话题会不会吓到对方？

在讨论这些问题前，先来介绍一下自我披露的几个层次。

2. 自我披露的层次

自我披露的层次可以大致分为 4 个水平，逐渐由浅到深。

第 1 层次：个人的兴趣与喜好、基本信息

例如，毕业于哪所学校、爱听的歌曲、正在追的连续剧、

常玩的游戏、周末时放松方式等。这些常常是职场社交的饭桌上大家最爱交换的信息。

我观察到最近很多职场人的聊天中，交换彼此的 MBTI 或星座也常常是破冰的话题，这也属于这个层次。

第 2 层次：态度，即对人或对事带有明显倾向性的、涉及是非判断的评价

例如，你非常不喜欢某个偶像团体；你不认同政府出台的某个政策；你认为公司的制度存在不合理之处；上级的某项措施你认为不太公平……

显然，当话题上升到这个层次，就不再是职场通行的大众话题。只有面对具有一定信任度和亲密度的同事时，你才更愿意表达真实态度或想法。

第 3 层次：自我概念及人际关系

自我概念主要指人们如何看待自己，例如，你在某个方面很自卑、你对自己某方面的能力非常有信心、你最引以为傲的事情是什么等。

人际关系方面，如你和家人的关系如何、你和配偶之间的关系或互动方面的困惑等。例如，天天和小末分享了自己与男朋友的关系，就属于这个层次。

第 4 层次：隐私话题

例如，个人的感情经历（如初恋的时间、谈过几次恋爱），个人的性取向，早年遭受过的创伤，内心阴暗的想法等。

这个层次的话题在职场上应该很慎重地提及，除非你对后

果有绝对的把握。

当然，有些团队在聚餐时会请大家玩"真心话大冒险"的游戏，在现场气氛和酒精的助力之下，团队成员会在不同程度上暴露自己不为人知的秘密，假如参与者是自愿的，那这个自我披露的过程也可以成为促进团队成员之间亲密感的有效方式。

| 自我披露的操作指南

1. 如果大家都停留在聊天气的层面上，谁来做先披露的那个人

假如你并不期望你与对方的人际关系亲密度可以再往前推一步，那么，接着聊天气好了，只要现场气氛不尴尬，这并没有什么不好。

但假如你是那个想要拉进双方心理距离的人，你就需要尝试着先开口。

先开口并不表示要先发问，而是要先从披露自我信息开始。

可以想象一下，你刚刚加入一个新团队，吃饭的时候和一个新同事恰好坐在一起，你想和他聊点什么。于是，你们之间发生了这样的对话。

你："你来公司有多久了？"

他："一年多了。"

你："哦，你家住的离公司近吗？"

他："还行吧，地铁过来 1 小时左右。"

你："哦，那还行，在北京这就算近了。你最近在忙什么项目啊？"

他："也没什么，就是一些常规工作。"

然后，双方陷入沉默……

是不是感觉哪里不对？

这就是人们常常说的"尬聊"。回想一下，你之前有没有过被"尬聊"的经历？当一段聊天中对方对你不断抛出问题时，你即使表面上在礼貌作答，但内心已经在翻白眼了，几个回合之后，如果对方的问题还在继续，你就只能沉默而尴尬地微笑了。其实，和"互惠"原理一样，自我披露同样遵循着"相互性原则"。也就是说，如果你想了解对方多一点，不妨先从聊自己开始。

所以，换个策略，这样来试试。

你：咱们公司交通还挺方便的，我本来以为从家过来得 1 小时，还特意早出门了，结果 40 分钟就到了。

他：对，咱们公司离地铁口近，还算方便。

你：你住的离公司远吗？

他：还行，差不多 1 小时也能到。

你：嗯，这个距离在北京就算近了。对了，我会负责 ××× 模块的工作，以后还得跟你多请教啊。

他：别，请教可谈不上，互相探讨吧。

你：那你具体负责哪个模块？

他：我负责×××模块，最近在做一个***的项目。

你：哦，我原来也做过一个类似的项目，不过只是负责其中一小部分。当时还是踩了不少坑的。

他：哦？那回头找机会给我介绍一下你们的做法吧，我也想看看有没有什么可以借鉴的。

……

看到区别了吗？虽然话题还是"家离公司的距离"，以及"工作职责的分工"，但当从聊自己开始，再向对方提出探询性的问题时，就会显得自然很多。场面当然也就少一点尴尬气息。

小提示

拉进心理距离的过程中，第一个关键词是"从自己分享开始"，再问对方某个信息前先分享自己的相关信息；第二个关键词是"循序渐进"，不要一下子抛出一堆问题。

2. 披露多少算合适？你怎么知道抛出的话题会不会吓到对方

对于自我披露尺度的问题，高情商人士通常有自己敏锐的触角，可以判断如何将话题再向前推一步，具体到操作层面来看，有以下几个技巧分享给你。

● 披露的层次一定是由浅入深的

先从最浅的喜好开始，建立一定的信任度之后才向第2个层次进展。特别是当你对谈话对象还不够了解时，假如你抛出的鲜明态度正好与对方相悖，有可能让对方隐藏起自己真实的观点，也有可能引发一次不必要的辩论。

- 保持敏感，随时捕捉对方表现出的兴趣程度

当你提供的信息让对方有积极的反馈，而且对方愿意投桃报李，与你分享他的个人信息时，你可以选择将分享更深入一个层次了。假如你浅层次的自我披露并没有引发对方的积极回应，或者对方只是礼貌性地敷衍，那么，你可以先暂停。

事实上，并不是所有人都喜欢进行自我披露，所以，当你遇到了这样的沟通对象时，你不断地分享反而会给对方带来压力与不安全感，他们的内心潜台词可能是这样的：

"对方跟我说了这么多，我是不是也应该回馈点什么。可是，我并不想说太多自己的事，怎么办？"

"我们真的熟到这个程度了吗？为什么要跟我说这些？我对这些并没有兴趣，我不想知道。"

于是，你的分享反而会引发他们的退缩。天天和小末的故事恰恰印证了这一点。这时，你就需要敏感地捕捉到对方"无意深谈"的信号，再回到那些浅层次的安全话题上，或是找个契机结束这段对话。

- 识别不同的组织文化与风格

职场中不同的企业也会有很大的风格差异。

假如在一家老国企，一群工作十几年的老同事，对于彼此家里几口人、孩子多大、养了猫还是狗都已经非常熟悉，大家聊天的过程中自我披露程度比较高，一个相对封闭的人就会显

得格格不入。

假如在一家投行，职场白骨精们工作时是好搭档，就事论事，下了班各无瓜葛，谁也不知道对方在生活中的兴趣、爱好、情感经历，那在这样的群体中，一个天天跟同事谈论自己家长里短的人就会显得分外不合时宜。

加入一个新组织或新团队时，记得观察一下周围人的风格。我会鼓励职场中的每个人保持自己的个性，但也倡导大家在交往尺度的拿捏上与周围的人保持一致，这样才能更好地融入。

外向者与内向者的陷阱——自我披露的过度或不足

在上一小节专门讨论了内向者与外向者的特点，一方面是希望澄清性格与情商高低并没有必然的联系；另一方面也希望能够分别给予内向者和外向者不同的建议。

1. 假如你是个外向者

现在，已经可以为天天定个位了。很显然，她是一位外向的、情商有待提升的姑娘，一位人际敏感度不够的"社牛"。她最大的问题在于误判了她与沟通对象之间的亲密度，并进行了过度的自我披露。所以，她接下来的功课，是提升对他人情绪的觉察与理解，并适度控制自己说话的欲望。

天天的行为被我做了一些戏剧化的夸张，对于大多数外向者而言，你也许并没有天天那么爱说话，但也可以试着反思一下，我有没有出现过类似的情况？在哪些场合，我应该再少说一点？

2. 假如你是个内向者

和外向者相比，内向者更容易出现的问题是自我披露不足。

可能是因为羞涩，可能是不知道如何表达，内向者更倾向于在人群中保持沉默，不轻易谈起自己的喜好、态度，更难以谈起自己私密的感受或感情经历。对于这样的伙伴而言，与他人拉近心理距离会是一个较大的挑战。假如你的工作对人际交往要求不高，更多侧重专业技术领域，那么，这个特质并不会影响你的工作绩效或产出，你可以选择待在你的舒适区里。假如你的工作对你的人际交往有一定的要求，你希望自己获得他人的接纳，你需要拉近和其他同事的心理距离，那么，请你尝试在适当的时候多说一些，多分享一些。

> **小提示**
>
> 很多小伙伴喜欢用"社牛"或"社恐"来描述自己或别人，其实，这两个词更像一枚简单粗暴的标签，或是让自己觉得更心安理得的"挡箭牌"，例如，自称社恐，就可以缩起来不说话。标签是什么并不重要，无论是社牛、社恐，还是居中，找到分寸感、适度打开、建立边界，都是职场社交中的必修课。

▶ B 版本的故事

吴天天大学毕业一个月，正式成为一名职场新人。

天天性格外向，活泼开朗，心直口快，她一直觉得自己最擅长的事情就是在短时间内和别人变得很热络，也就是大家常说的"社牛"。

上班第一天，天天就快速地记住了团队里每个人的名字、长相和特点，还找到了一个可以一起同路下班的小伙伴——小末。

小末性格沉静，不怎么爱说话，但是很爱笑。天天好喜欢这个小姐姐，第一次一起回家的途中，天天就开始跟小末分享自己第一天上班的各种感受。

"隔壁公司有个哥哥好帅啊，正是我喜欢的类型！可惜我已经有男朋友了，不然肯定去追他！"

"我们的总监看起来好酷，是不是不太好相处啊。"

……

说了一会儿，天天发现整个聊天的过程都是自己在说，小末只是微笑地听着，或者给一点回应："是吗？""这样啊！""嗯嗯。"

天天有点不好意思，她说："小末，不好意思，我是不是说太多了？"

小末笑了笑，没说"是"也没说"不是"。气氛有一点点尴尬，天天也明白过来了。

她说："小末，我这个人是有点话痨，又觉得跟你特别投缘，一不小心就停不下来了。那你平时下班路上，如果一个人的话，会干什么呢？"

小末说："一般会听歌，然后用电子书看小说，一般一星期正好能看完一本。"

听到小说，天天又兴奋了："我也喜欢看小说，最近特别喜欢东野圭吾的推理小说，你喜欢看哪个类型的？"

"我喜欢看科幻的，阿西莫夫的、刘慈欣的，我都喜欢。"

"那以后我们下班路上还是按你的习惯一起看小说吧，回头把你觉得好看的都推荐给我。"

于是，天天开始学着用小末喜欢的方式与她相处，在下班路上既相互做伴，塞上耳机，每个人又都有自己的独处空间。两个同路的小伙伴也变成了相互荐书的书友，在办公室里，小末也成为天天的小师傅，天天有什么不明白的，都会找小末请教，小末会非常耐心地为她解答。天天顺利地完成了从校园人到职场人的华丽转身。

练习17　　　　自我评估与改进

请回顾一下你过去一个月的人际沟通。

（1）有没有出现过度的"自我披露"？

- 在一次聚会或其他社交场合高谈阔论，分享自己的想法、经历、感受，说得眉飞色舞，然后发现其他人都只是出于社交礼貌做出听的样子，而并没有积极地回应。

- 在某个微信群中分享自拍或关于个人的信息，频率远远高于群里其他成员。
- 在职场中与同事分享了非常私密的话题，而对方没有积极回应。
- 其他可能的情况。

假如出现了上述的某种情况，你打算如何改进？

（2）你有没有出现过尬聊的情况？

假如有，原因是什么呢？你打算如何改进？

20 【学会拒绝】
你不需要得到所有人的喜欢

⊙ A 版本的故事

两年前，李楠从大学毕业加入 KX 公司人力资源部，成为一名薪酬绩效专员。KX 的人力资源部有 7 个人，分为招聘培训、薪酬绩效、员工关系 3 个小组，每个小组都是两个人，还有一个经理。李楠在薪酬绩效组，由另一位资深的女同事薪酬主管芳芳来指导和安排工作。

李楠综合素质不错，又踏实肯干，芳芳和人力资源部经理都对他很欣赏。随着公司的快速发展，逐渐出现了对培训工作的井喷式需求。于是，人力资源部单独设置了培训组，安排李楠转岗做培训专员，直接向人力资源经理汇报。芳芳那边会再招一个新同事来支持她的工作。

一上岗，经理就给他安排了不少工作，李楠自己也干劲十足。可是，在新岗位上工作了还不到一个月，李楠已经感受到了新的问题和压力。

原来，接替李楠岗位的新同事一直没有招到，虽然部门经理已经明确表示，李楠直接汇报给他，原来薪酬绩效组的工作全部交接给芳芳，但是芳芳似乎总是忽略李楠已经转岗这个事实，还是经常请李楠帮忙承担一些工作。

办公室常常可以听到这样的声音：

"李楠，可以帮我汇总一下上个季度的调薪信息表吗？就用你上次那个格式就行。谢了！"

"李楠，这几份资料帮我复印 10 份，然后装订一下吧，急用，辛苦你喽。"

"李楠，你还记得咱们上次一起出过的那个销售部门的薪酬测算吧？能不能调整几个参数，再出一份看看？"

于是，李楠一次次地放下自己手头的工作去帮芳芳的忙，然后再加班忙自己的事。他也问自己，为什么不拒绝芳芳？他的心路历程是这样的：

一开始，他压根就没想过拒绝。芳芳对自己很好，手把手地指导，现在不过是帮个忙，而且跟自己原来的工作有关联，为什么要拒绝呢？

渐渐地，他发现自己忙不过来了，也想拒绝，可又非常担心芳芳会因此对自己有意见。虽然现在是直接汇报给经理，但彼此工作中还有很多配合，如果关系不好，可能影响以后的合作。算了，忍忍，她的新搭档应该快到岗了，到时候就能抽身了。

再后来，他发现新同事到岗的时间好像杳无音信，他不想再忍了，数次想跟芳芳说自己太忙，真的没办法帮她的忙。可每次话到嘴边，又总说不出来，于是又接下一个自己并不想接受的额外任务……

哎，这加班的日子，什么时候是个头啊……

⊙ 故事的背后

假如你是李楠，你会如何拒绝芳芳？

在拒绝时，你会不会有心理负担呢？

曾经有一句流传甚广的话，"让别人舒服的程度，决定了你的高度"，也有很多人觉得"情商高就是让周围的人都感到舒服"。然而，人际交往中总有利益的博弈和冲突，一味追求让周围的人开心、满意、舒服，而牺牲了自己的感受和利益，这绝对不是高情商的表现。

如何才能跳出"取悦别人"的心理怪圈，学会拒绝，打造平衡、健康的人际关系？

▎为什么不拒绝？不敢，不愿，还是不能

假如你也和李楠一样，不愿意或不敢拒绝别人的要求，那不妨先来分析一下，这种行为背后的原因究竟是什么。

1. 你可能在试图扮演一个"社交高手"，并期待得到回报

中国有很多成语来描述一个"社交高手"的状态。例如"八面玲珑""左右逢源"。这两个成语并不总是用在褒义的语境中，但的确是很多人在社交中所向往达到或努力达到的状态。他们竭力让周围的人满意，让周围的人都感到舒适，认为这样才是一个社交高手的表现。他们也期待因此建立"人脉"，未来收到回报。在这样的理念驱动之下，很多人的确成功地获得了同事或朋友的认可，也被冠以"人情练达""处事周到"等评价，但他们自己的内心到底是不是满足而平和的呢？未必。

　　丹尼尔·戈尔曼在《情商：为什么情商比智商更重要》一书中提到："如果个体无法平衡人际能力与了解自身需要和感受及其实现途径之间的关系，这些人际能力只会导致空洞的社会成功——以牺牲个体真实的满足感为代价，成为人人欢迎的交际花。"这句话显得有点拗口，我来用更通俗的话描述一下这种状态。本来你抱着功利的目的去取悦别人，营造良好的人际关系，以求最终为自己带来收益，但在过程中，你却牺牲了自己的需求与感受，这种以损失自己的利益为代价换来的人际关系只是表面上的虚假繁荣，是一种失衡的关系，也有违你"功利"的初衷。正所谓，走得太远，却忘了你为什么而出发。

　　2. 你可能在期待"得到所有人的认可与喜欢"

　　有些人习惯性地满足别人的要求，却并不是从"功利"的角度出发，他们并不一定期望要从这段人际关系中获益，他们只是担心自己的拒绝会让对方不开心，或是让对方不喜欢自己。在这样的驱动力之下，他们可能会呈现出以下行为特点。

　　● 觉得对周围所有人都充满责任感

　　他们会感到自己要对别人的情绪负责，当他们发现拒绝可能引发别人生气、沮丧、失望等情绪时，他们会认为这个情绪是由自己造成的。于是，他们会不由自主地觉得愧疚，然后主动背上对方的情绪包袱，认为自己一定要为扭转对方的情绪做点什么，不然就过不去自己心里那个关卡。

　　● 愿意牺牲自己的合理需求

　　正是由于过于强烈的责任感，他们会愿意牺牲自己的合理需求来换得其他人的满意，所谓以"委曲求全"换得"皆大欢喜"。殊不知，这皆大欢喜之中包含了周围的所有人，却唯独没有自己。

- 对别人的评价很敏感

他们可能会非常期望让周围的人都喜欢自己，所以他们对别人的评价分外敏感。这种心理也非常容易被理解，他们付出了很多，甚至牺牲了自己的利益和需求照顾周围的人，他们不求回报，只是希望大家满意，倘若这样的牺牲仍然换不来好评，这的确是件伤心的事。

不拒绝会带来什么

不拒绝的背后，不仅是自己一时的退让和利益让渡，还会带来更长期的负担。

1. 个人无法消化的情绪负累

待人友善、有求必应，这些本来都是积极的特质，但当这些可贵特质泛滥时，反而会导致个人消极情绪的积累。

你可能陷入以下的情绪怪圈：

- 好累。可是既然已经答应别人了，还是说到做到吧。
- 这次真的不想再退让了，可是会不会打破我的好人人设？好吧，再忍一次。

你也有可能产生以下的愤懑：

- 为什么我能够退让，而别人就不能够这样对待我？
- 凭什么总是我在照顾别人的感受，而别人却不懂得照顾我的感受？

当然，你最终可能还是会默默掩藏起这些情绪，继续扮演那个让别人喜欢的、有求必应的"好人"。

掩藏起的情绪会渐渐消失吗？当然不会，总有一天，它们会用更丑陋、更猝不及防的方式爆发，要么伤害自己，要么伤害别人。

2. 并不一定就能得到别人的认可

台湾偶像剧《命中注定我爱你》一开场便呈现了一个便利贴女孩的形象。一位名叫陈欣怡的女孩从小就很害怕别人不喜欢自己，所以一直很努力地对周围每个人好。在办公室里，她帮人买早餐、订咖啡，帮同事复印文件，处理各种杂务。她被同事叫作"便利贴女孩"，因为"她的存在，就像便利贴一样，人人撕下来就用"。同事们并没有因为她的好说话和不拒绝而更喜欢她或尊重她，反而觉得让她帮忙是件理所当然的事情。

偶像剧虽然有些夸张，但也呈现了一个冰冷的真相。当你把自己的"人设"营造成一个总是愿意帮忙的好人时，别人反而不会珍惜你的付出。他们会觉得，你帮助他，是因为你对所有人都好。而当你拒绝时，他们反而会心生怨气："为什么你人人都帮，就是不帮我？"

小提示

真正健康而平衡的人际关系，应该是建立在相互了解、信任、尊重的基础之上的。显然，单纯付出、从不拒绝并不能让你收获这样的人际关系。

从今天起，学习勇敢拒绝

在综艺《五十公里桃花坞》中，曾有一个跟拒绝有关的精彩片段。在这个节目中，十几个不太熟悉的明星会组成一个临时团队，在桃花坞共同生活。其中一位嘉宾是著名演员宋丹丹，她也是节目中年龄最长、资历最深的嘉宾。在节目的第一期，宋丹丹就以长辈和权威的气势提出一个建议（其实是要求）：咱们开个篝火晚会吧。宋丹丹的出发点是善意的，她认为篝火晚会可以帮大家融入集体，拉近距离；但对其他年轻嘉宾来说，这有点类似于刚入职一家新公司，同事还没认全，就被老板要求上台表演节目，简直是大型社死现场。

所以，其他人都不想参加，却又不好意思公开反对。只有王传君一个人，直白、坦然又没有攻击性地表达态度："不，我不想表演节目。我要做一只安静的龙虾。"面对拒绝，宋丹丹一脸错愕，气氛陷入尴尬，而另外几个嘉宾却偷偷给王传君竖起了拇指，因为他说出了自己不敢说的话。

随着节目的进行，嘉宾们的感情也在加深。这段曾经登上微博热搜的"桃花坞尴尬九分钟"也成了他们说笑、玩梗的话题，王传君的拒绝并没有带来什么灾难性的后果，反而让大家更了解他的想法和底线。假如你有"不会拒绝"的烦恼，那就来看看如何能和王传君一样，放下心理负担，坦然说不。

1. 拒绝的心法：破除不敢说不的内心障碍

第一条心法：找到自己的边界

当你不愿意去拒绝别人时，内心可能会有这样的一个顾虑：我不想让别人觉得我是一个自私的人，我不想让别人觉得我是一个不合群的人。

但是，合理的自我保护和维护自我利益并不等于自私。拒绝参加某种类型的集体活动，也不意味着不合群。

这世界上没有那么多的非黑即白。在自私和无私之间，在合群与孤僻之间，都有一个长长的灰色地带，左一点，或右一点，都在大众道德标准可以接受的范围之内。"利他程度"坐标轴如图 20.1 所示。

愿意为他人奉献的程度

自私		无私

我的界限？

图 20.1 "利他程度"坐标轴

你要做的，是了解自己可以为别人付出的界限在哪儿、自己可以妥协的界限在哪儿。

在边界之内，就大大方方地答应。在边界之外，就明明白白地拒绝。出力帮忙时就享受那种助人带来的快乐，拒绝时就坦然接受自己是在维护合理利益。千万别勉强帮了别人的忙，自己还觉得拧巴和委屈。只有尊重自己的情绪和界限，才能享受平衡和平等的人际关系。

第二条心法：不奢求让所有人都满意，不奢望得到所有人喜爱

当你不敢去拒绝别人时，内心的另一个可能的顾虑是：他

会不会因此而不喜欢我？

其实，观察一下身边的人，你会发现，不管是性格随和还是强势，也不管是美还是丑，每个人都是有人爱的。那些爱你或喜欢你的人，是因为觉得你身上有独特而可贵的特质，是因为你值得被喜欢或被爱，并不仅仅是因为你从不拒绝他的要求。同样，那些不喜欢你的人，也不见得是因为你拒绝了他，或是没有为他做什么。

当然，每个人都可以学习让自己变得更可爱、更受欢迎，但实现这一点的路径，并不是满足周围所有人的请求。

换个角度，如果因为拒绝失去了一些人的喜爱，那也并不是什么可怕的事。毕竟，没有人能让所有人满意，被所有人喜欢。当你能放下让所有人喜欢自己的奢望，拒绝也就没那么难了。

第三条心法：不假设对方有敌意，不树立对立情绪

在生活和工作中，与宋丹丹风格类似的上级、前辈、家长其实还不少，他们以强势的态度提出一些不允许反驳的请求，没有任何恶意却能轻易挑起你敏感的神经，引起你的对抗情绪。

刚刚讲到的桃花坞综艺片段里，有几位年轻的嘉宾虽然不敢直接拒绝宋丹丹，但其实已经用他们的表情和肢体语言传递了一种对立情绪。这种情绪隐含了一些没说出口的话：

"丹丹姐你年纪太大了，根本不懂我们年轻人喜欢什么。"

"丹丹姐你太强势了，你看，我们都不好意思拒绝。"

在这些暗涌的情绪之中，那些勉强接受提议的人把自己

当成了"被压迫者"。但回过头想一想，宋丹丹没有针对任何人，她只是习惯了这样的表达与沟通方式，也许不合时宜，但没有敌意。

所以，表达拒绝前，先不要假设对方有敌意。这样，你的拒绝才会完全不传递敌意，让对方更容易接受。如果你真的不拒绝，那也要提醒自己，这是我自己的选择，不是"被迫"。

2. 拒绝的手法：学习"没有敌意的坚决"

拒绝不等于冰冷或敌意。

心理学大师科胡特有一句名言："没有敌意的坚决。"这句话被科胡特用来描述家庭养育中父母对儿女所应秉持的态度，它同样也精辟地传达了拒绝别人时的最好姿态。

"坚决"是让对方知道你真的没办法帮忙，而不是托词。不能让对方觉得似乎有希望或有回转余地。

"没有敌意"是指让对方不难堪、不尴尬，甚至能让对方感受到你对他的关心与情感支持。

以下用一个具体的情境来感受这个原则。

假设你是一名行政主管，负责会议室大型会议室预订，某一天，一位同事给你打电话，说希望预订第二天的多功能厅。你查询了预订记录，发现已经被其他部门预订出去了。这位同事跟你说："我们的会议特别重要，订不到这个会议室我就惨了，能不能拜托你帮忙协调一下啊？"你心里深知并没有其他解决方案，公司的预订制度就是先订先得，而且公司的多功能厅就只有一间。那么，你会如何回复呢？

回复一：这个我可协调不了，谁让你们不早点来订，公司的会议室预订制度你又不是不知道。（这个回复很坚决，但听起来冰冷，有一点敌意。）

回复二：啊，这个可不太好协调啊。（没敌意，但不坚决。）

回复三：真抱歉，公司的预订制度就是先订先得，另一个部门提前一周就预订了，所以真的没办法帮你协调了。你们要不要考虑在附近的酒店租一个会议室？我这边有图片和销售的联系方式，你需要的话可以发给你。（这个回复很坚决，让对方意识到并没有协调的余地，但清晰地解释了原因，不包含任何敌意，同时，还设身处地地为对方想办法，提供了一个备选方案。）

所以，概括一下没有敌意的坚决，应该包含以下几个要素：

- 明确表达"不可以提供帮助"的态度；
- 提供合理的原因；
- 表达对于对方处境的理解；
- 如果有可能，可以给一些建议备选方案。

小提示

在处理人际关系时，真正的高情商需要内外兼修。

理顺自己，明确边界，懂得拒绝。这是内在成长。

在拒绝时能做到准确表达、体现理解，传递善意。这是外在修炼。

希望你能同时拥有拒绝别人的勇气和智慧。

来看看在 B 版本的故事中，李楠是如何拒绝芳芳的。

▶ B 版本的故事

两年前，李楠从大学毕业加入 KX 公司人力资源部，成为一名薪酬绩效专员。他的工作由薪酬绩效主管芳芳来指导和安排。

李楠综合素质不错，又踏实肯干，芳芳和人力资源部的经理都对他很欣赏。随着公司的发展，逐渐出现了对培训工作的井喷式需求。于是，人力资源部单独设置了培训组，安排李楠转岗做培训专员，直接向人力资源经理汇报。

一上岗，经理就给他安排了不少工作。可是，芳芳她还是会请李楠帮忙承担一些薪酬绩效组的工作。

前两次，李楠觉得是举手之劳，就都欣然应允。渐渐地，他意识到他和芳芳之间的互动是有问题的，如果他还继续这样不拒绝芳芳的请求，一定会影响自己的正常工作，陷入经常加班的境况。

于是，在芳芳又一次对李楠提出帮忙的要求时，他们之间发生了这样的对话。

芳芳说："李楠，你还记得咱们上次一起出过的那个销售部门的薪酬测算吧？能不能调整几个参数，再出一份看看？"

李楠把目光从笔记本电脑屏幕上转过来，看着芳芳说："芳芳姐，不好意思，我正要布置明天新员工培训的场地，而且经理刚给我布置了这个季度的重点项目，我手头事挺多的，实在抽不出时间再帮你忙了。上次做工作交接时，我已经把测算表存档在咱们部门的公共盘里了，在薪酬测算那个文件夹里，你看看能不能找到？"

芳芳愣了一下，面色稍有不悦，但她很快也明白了李楠表达的意思，不只是这一次不能帮，而是以后很难帮她打下手了。

她说："好，我找找。"

李楠说："好嘞，那我先去布置会场了。"

从那以后，芳芳再没有找李楠帮忙处理那些杂事，但两个人的关系并没有受到任何影响。

练习18　　　　没有敌意的坚决

（1）回顾一下你上一次想要拒绝却并未拒绝别人的情境，在以下横线上填上选项。

● 你为什么没有拒绝？____

A. 因为不想让对方失望

B. 因为想避免冲突

C. 因为觉得不是什么大事，自己可以让步

D. 其他原因

● 没有拒绝给你带来情绪或其他方面的困扰了吗？____

A. 有

B. 没有

● 假如有困扰，那假如再遇到同类事件，你会如何拒绝？

（2）回顾你上一次拒绝别人，你当时是怎么说的？

● 你认为你的说法是：_____

A. 坚决，但冰冷或有敌意

B. 不坚决，没敌意

C. 不含敌意的坚决

D. 不知道

● 如果再给你一次机会，你会如何改进？

21 【向 PUA 说不】

果断离开有毒的关系

▶ A 版本的故事

五年前，林晓黎作为管培生加入了一家快速发展的互联网公司，成为一名销售运营专员。她踏实、认真、悟性高，一直得到上级和同事们的好评。今年年初，她晋升为销售运营部经理，也是同批管培生里最早晋升的。

晓黎很欣慰，觉得五年的努力没有白费。

好景不长，晓黎刚晋升不久，公司就进行了一次组织架构调整，她所在的事业部和另一个事业部做了合并。合并后，公司高层决定调任另一个事业部的销售负责人过来接任总监，把晓黎的现任上级沈鹏调去负责一块创新业务。

这背后的故事林晓黎并不知晓。沈鹏在这个事业部任职的时间太久了，老部下众多，势力范围盘根错节。公司要调架构、合并两个事业部，其实就是想推动业务模式的变革，沈鹏不走，老班子打不散，这变革就很难推得动。而去负责创新业务，也只是给了他一个体面的说法。

晓黎说不上是沈鹏的亲信，但和他也配合了两年有余，信任度还不错。沈鹏走了，晓黎有一点点失落，但她很快就调整好了状态，告诉自己：就跟以前一样，尽心尽职做好自己的事，跟新上级尽快磨合。

让晓黎没想到的是，这个磨合过程如此艰难。新来的上级姓胡，看起来脾气和善，但晓黎不管怎么努力都总觉得像打在棉花上。

胡总布置任务时总是说得有些含糊，晓黎试图去澄清，胡总就挥挥手："先去按我说的干，你得发挥自己的主观能动性，我都说了还要你干嘛。"验收时胡总又常常一脸不悦，却也不说问题到底出在哪儿，就是打回去让晓黎返工。晓黎听到最多的话就是："你要有全局观……你得考虑组织目标和整体规划……"可怎么才算有全局观呢？胡总没给过具体标准。

晓黎一直在自我反思："我的确是做得不够好，我的确是不够有全局观，另外，我还不够了解和适应胡总的管理风格，再多磨合一下，会慢慢好起来的。"一个月过去了，情况似乎有一点点好转，晓黎偶尔也能得到一些认可，让她看到一点希望，但更多的时候是否定。晓黎常常在上班路上心情低落，然后又不断给自己加油打气："再坚持一下。"

再后来，晓黎发现自己似乎在被胡总有意或无意地忽视。例如，有些重点项目会议不通知她参加，在会议上征询意见时询问其他同事，却从不询问她……晓黎很难受，又怀疑自己是不是多心了。

这天，沈鹏联络晓黎，说他已经离开了公司，接受了另一家公司的 offer，问晓黎是否有兴趣跳槽过去加入自己的团队。晓黎有一瞬间的心动，但还是拒绝了。从小到大，她都可以凭借势力得到想要的东西，不管是好的学习成绩，还是心仪公司的 offer，以及上级的认可与评价。这一次，她不想当个逃兵。

◉ 故事的背后

你如何看待晓黎的选择？在我做管理、讲课、做辅导的过程中，我见过很多和晓黎一样优秀又上进的职场人，他们有一个共同点，就是非常善于自我反思。在大多数时候，反思是改进的契机。但有些时候，过度反思也会带来自我怀疑和沉重的情绪负累。

在第 1 部分的"要么忍、要么滚？其实你还有第 3 种选择"和第 4 部分"不用喜欢你的上级，了解他就行"中，我都讲到了"向上沟通"的内容，在其中，我也都提到了"看到自己的盲区""积极适应上级的管理风格"等建议。但必须强调一点，这两个章节都是在探讨如何和"不够完美，有缺点但正常且善良"的上级相处。事实上，我也觉得这是大多数职场人面临的课题。但并不排除，在有些情况下，我们会遇到"不够善良"的管理者，会遇到打压、排挤、边缘化等不公平的待遇，陷入"有毒"的职场关系中。

在这一小节，我将和你讨论如何识别"有毒的关系"，以及应对有毒关系的行动建议。

| 如何识别自己处在有毒的关系中？

在 *Toxic People* 这本书中，作者 Lilain 博士这样定义有毒的关系（toxic relationship）："任何人与人之间不相互支持的、存在冲突的关系，包括一方对另一方的轻视、恶意竞争、不尊重、和谐的缺失等。"

亲子关系、亲密关系、职场关系中，都有可能会出现有毒的关系。这种关系的特征可能包括嫉妒、责备、操纵、否认和情感上的勒索。长期处于这种关系中，可能会导致自尊心受损、自我价值缺失，甚至出现情绪健康问题。

讲到这儿，你可能会马上想到另一个流行词——"PUA"，最近几年，这个词常常出现在职场话题的讨论中。我在讲课时，也常常听同学们提起，大家动不动就会说"我老板是不是在 PUA 我"。PUA 是英文 pick up artist 的简称，这个概念起源于 20 世纪 70 年代的美国，最初是指男性通过学习一些操纵和吸引女性的策略，增加在恋爱关系中的吸引力和控制权。后来，这个词渐渐被使用在其他场景中，用来代指一方通过打压、捧杀（先赞扬再否定）等方式去实现对另一方的操纵。这种现象在心理学上被称作"煤气灯效应"。严格地说，煤气灯操控也属于"有毒的关系"。除了煤气灯操纵，在一段有毒的职场关系中，施加伤害的一方还可能做出其他行为，"包括不予支持 (unsupportive)、肆意评判 (judgmental)、自我中心 (self-centered) 和极度控制 (controlling) 等"。[1]

职场中是否真的有很多善于 PUA 下属的上级呢？就我的观察而言，并不一定。只不过，当 PUA 成为网络流行词后，在传播中被玩梗，有了一些新的叫法——"CPU"

---

[1] 引用自《煤气灯操控》一书，作者为阿梅利亚·凯利，中信出版社。

"KTV"……，进而也有被误解和滥用的趋势。有些人在面对他人出于善意但缺乏技巧的批评、建议、劝诫时，只要自己有不舒适的情绪，就统统归为"你在 PUA 我"。事实上，他很有可能只是碰到了一个领导力不佳、不善于给出负面反馈的管理者。

一方面，在有些语境中，部分职场人无意中扩大化了 PUA 的边界，增加了对上级的对抗情绪；另一方面，可能也有些职场人，如晓黎这般，已经陷入有毒的关系，却还没有及时觉察。

如何识别自己身处有毒的关系呢？以下是几点典型信号。

1. 不仅仅评价你的行为，还在评价你的"人品"

所谓评价行为，是"你这次方案中出现了失误""你对待客户的投诉没有及时回复""你忽视了本应关注的重要环节"……

所谓评价人品，是"你怎么这么笨""你有没有长脑子""你总犯这种低级错误，是不是不想干了"。

有些管理者在领导力有待提升时，可能会犯"评价人品"的错误，但他并不是所有时候都会如此。假如你观察到上级永远用第二种方式给出反馈与评价，要警惕。

2. 只提要求，不给任何支持

上级对下属提出要求是一件非常正常的事，但正常的上级和你是目标一致的，你们是在共同努力达成目标，所以，除了提要求，他会给出各种支持，包括给资料、给辅导，出面帮你协调关键资源或关键人物的认可等。如果你在一段上下级关系中，只能被要求，却从来得不到支持，那也需要警惕。

3. 无法给出明确的工作要求和标准

上级不是万能的，他不可能在所有任务上都想得非常清楚后再传递给下属，所以，在有些任务上没有明确工作标准是正常的。但是，假如上级在所有任务上都无法给出明确标准，只提出笼统、模糊的要求，又一味去表达对工作结果的负面评价，那么，这也是一个值得关注的信号。

4. 边缘化、区别对待

试着去观察你的上级是如何与你的平级同事互动的。假如他能够给他人提供支持、给予清晰的工作要求，却无法这样对待你，很明显，你被区别对待了。这是一个最值得警惕的信号。

5. 最后，也请重视与尊重自己的感受

这世间不存在完美的工作，任何一份工作都有可能带来烦躁、沮丧、焦虑等消极情绪，这很正常，在第 1 部分，我也与你共同探讨了如何与这些情绪相处。

然而，假如你发现你常常体会到"抑郁、无力、自我怀疑"等情绪，且情绪的强度高或很持久，甚至让你失眠、提不起精神做任何事，那么，请关注这些信号。

我在自己的公众号分享过一篇关于如何应对职场 PUA 的文章，有一位读者留言说："谢谢刘琳老师的分享，给已经自我反思半年之久，靠吃药睡觉的职场人，多了正视一些事情的勇气。"我看完之后，很想抱抱这位读者。同时，我也想说，当身体已经出现一些信号时，请重视和尊重自己的感受，不要再做过度反思。

应对有毒关系的几点行动建议

1. 将"自我价值感"与"他人评价"脱钩

在林晓黎的故事中，她一直有一个想法，就是靠自己的努力换来上级的态度转变，换来他的认可。

站在旁观者的角度，你可以看到故事的全貌，也许能够猜到胡总的意图：销售运营经理能够看到所有关键数据，这可是个重要的岗位，胡总想用自己人，所以他希望替换掉晓黎。而晓黎的信息有限，过往又一直靠努力工作、勇往直前来换取认可，所以，她才会依然存在这样的期待。

很多伙伴和晓黎一样，在职场上一直都是又努力又上进的，也一直被之前的上级认可和欣赏。追溯到学生时代，他们也同样靠聪明和努力获得好成绩和来自家长、老师的认可。过往的经验使他们形成了这样的信念：

"只要努力，我就可以得到权威的认可。"

假如更深入地去探询，你会发现"靠努力换认可"的背后，还有一层更深层次的信念，就是"权威的认可才能证明我足够好；才能说明我是有价值的；所以我必须得到权威的认可"。

这其实是一种典型的好学生思维。在这种情况下，换了一个以打压为操纵手段的上级后，他们的第一反应往往是"我做得还不够"，于是习惯性地加倍努力，希望通过努力来改变自己在上级心目中的印象，获得认可。

这也是从好学生过渡到好员工之后的职场人最典型的思维方式："你觉得我不够好，那我就一定要努力，证明我足够好、足够有价值。"

假如这些伙伴能够尝试把"自我价值感"与"他人评价"脱钩呢？

举个最简单的例子，香菜、榴莲、臭鳜鱼……这些都是有些特殊味道的食物，有很多人非常喜欢，也有很多人非常不喜欢。那么，香菜会因为很多人不喜欢它就不再是香菜了吗？当然不会。所以，就会发现，一个人的核心价值并不由他人的评价决定。所谓脱钩，就是形成更稳定的自我认知，不因他人的否定而否定自己。特别是，假如你识别出自己处于"被打压被操控"的关系之中，也能够看到这位上级是个发心不正的人，那为什么还要如此在意他的认可呢？

让我们来分析一下，"PUA人"的上级内心的逻辑是什么？

通常是这样：首先通过打压来实现对你的操纵和驯化，让你心甘情愿地投诚，变成他的自己人；如果你不愿意投诚，那么他会用各种方式来让你感到不适，让你自己提出辞职空出位子，他可以再去招来自己人。

知道这个逻辑后，你就会发现，他并不会因为你的努力而改变评价，只会因为投诚而改变评价，他只会把好的评价和好的绩效结果打给自己人。

假如你和他的底层价值观就已经存在差异，你并不想变成他的自己人，就更无须介意他是否认可自己。

你并不需要通过得到所有人的认可来证明自己的价值。特别是一个不值得尊敬的上级或前辈对你的认可，其实毫无意义。放弃对"认可"的执念，就会豁然开朗。

2. 用脚投票，及时离开

在我做一对一教练时，有些和晓黎遇到类似困境的伙伴会提出这样的想法：

"如果我辞职了，那就说明我是一个不能迎难而上的人。"

"我必须靠自己去解决问题、克服困难，就算走也不能现在走。现在走，说明我是失败的。我可以赢得认可证明自己后，再漂亮地、体面地离开。"

会这样想的伙伴，其实是在上级 PUA 的基础上继续 PUA 自己，给自己戴上不必要的枷锁。

我的建议是，如果跟着这样的上级工作，已经造成了巨大的情绪消耗，让你常常处在极度焦虑、纠结、自我怀疑之中，那么，请及时止损，离开这种有毒的关系和环境。

在"要么忍、要么滚？其实你还有第 3 种选择"中，因一时情绪上头而辞职的小扬代表着一个极端，他的上级和环境并不是真的那么糟糕。而晓黎则代表了另一个极端，在恶劣的职场环境中还在不断给自己加压。到底是忍，还是滚？到底是追求稳定，还是寻找变化？这些问题并没有标准答案，但每个职场人都需要培养自己的灵活性，在尊重个人价值观的基础上根据环境做出抉择。

一份工作的非正常终止，只能说明"我因为某些不可抗力没能坚持某一份工作"，并不能推翻我们整个人的价值。

3. 把这段关系看成"绊脚石"，无须搬开，但可以绕过

在有些现实条件制约下，你可能真的暂时不想辞职，例如想拿到项目奖金再走、想在这个行业积攒时间长一些的履历，或是现在手头的工作能让你学到东西……于是，你认为自己只能再痛苦地忍受一段时间。

那么，请问问自己这几个问题：

我究竟是为什么要留下来的？

我的远期目标是什么？

我留在这里，获得的财务回报、经验、资源对我的远期目标有什么价值？

我应该如何更好地获得这些财务回报、经验和资源？

如果上级不认可我、贬低我，对我的远期目标有什么影响吗？

当你这么去分析时，你大概率会发现，暂时留下来是为了实现一个更长期的目标，而"上级是否认可"对这个目标而言没那么重要。那么，就专注于把该做的工作做好、不辜负自己的职责，把自己想要的经历、资源、物质回报拿到，然后离开。

在想清楚这些问题之前（见图 21.1），你可能会把上级的负面评价当成横亘在前进路途中的一块大石头，你特别想搬开它、劈开它、征服它。想清楚之后，你会发现，这的确是块绊脚石，但你可以绕开它，无视它，不跟它较劲。绕开之后，就把它抛在脑后，向着自己的目标大步向前。同样，在这个过程中，你的心态也会从"忍受"变成"这是我的选择"。

面对前进路途中的大石头，死磕？还是绕开

图 21.1　死磕还是绕开

小提示

　　找到职场发展的远期目标。想一想，如果十年后你已经实现了那个目标，那时的自己对现在深陷困境中的自己提一个建议，那会是什么呢？

　　最后，还想再送给你一些小提示。假如你正处在不公平、被打压的职场环境中，即使不主动发起或卷入办公室政治，但仍然需要有自我保护的意识——

　　做好职责要求的工作，别因为赌气而旷工、摆烂，那是在给人递刀子。

对沟通记录留痕，邮件、微信、会议记录等，必要时需要拿来证明自己的工作结果和态度，避免背锅。

别犯低级错误，给别人揪小辫子的机会。

如果组织的大环境相对公平，必要时也可以尝试向更高级别的管理者或 HR 申诉。

最后，祝愿正在阅读这个章节的你，能够用努力、真诚收获职场的回报，也能在不公环境中修炼出强大的内心与自保的铠甲。

一起来看看 B 版本的故事中的晓黎。

▶ B 版本的故事

五年前，林晓黎作为管培生加入了一家快速发展的互联网公司，今年年初，她晋升为销售运营部经理，也是同批管培生里最早晋升的。

好景不长，晓黎刚晋升不久，公司就进行了一次组织架构调整，公司高层决定调任胡总过来接任晓黎的上级，把她的现任上级沈鹏调去负责创新业务。沈鹏走了，晓黎有一点点失落，但她很快就调整好了状态，告诉自己：就跟以前一样，尽心尽职做好自己的事，跟新上级尽快磨合。

让晓黎没想到的是，这个磨合过程如此艰难。

胡总布置任务时总是说得有些含糊，验收时又常常一脸不悦，却也不说问题到底出在哪儿，就是打回去让晓黎返工。

最初，晓黎尽量在调整自己的心态，想着再多磨合一段时间，了解胡总的风格，可能会有改观。再后来，晓黎发现自己似乎在被胡总有意或无意地忽视。例如,有些重点项目会议不通知她参加,在会议上征询意见时询问其他同事,却从不询问她……

晓黎开始心生警惕,她侧面观察了一下,团队中有几位胡总就任后带过来的下属,胡总对他们的态度和自己完全不同。晓黎同届有一位管培生于莎在人力资源部工作,她们都办了楼下瑜伽教室的卡,常常在那碰到。晓黎从于莎那也侧面打听到沈鹏调任背后的故事,原来公司是想推动销售部门的变革,才会安排了这次合并。晓黎意识到,胡总显然是想把这个岗位替换成自己人,但公司人力资源部对于管培生是非常关注的,晓黎作为这批管培生中的佼佼者,也是重点培养对象,胡总并不能完全按照自己的意图来安排她的去留,所以才有了这么多不堪的小动作。

想明白了这些,晓黎有些愤怒。但她也知道,硬抗对自己并没有任何好处,再待下去,对她是巨大的消耗,她应该离开这个有毒环境。

这天,沈鹏联络晓黎,说他已经离开了公司,接受了另一家公司的 offer,问晓黎是否有兴趣跳槽过去加入自己的团队。晓黎有些心动,恨不得第二天就去辞职,但她也意识到,如果只是为了逃离现有环境区匆忙选择一个 offer,并不一定是个好决策。

晓黎答应与沈鹏周末见面聊聊,多了解一下那个岗位的情况与发展前景;同时,她也开始留意公司内部其他事业部是否有转岗的机会。她会为自己争取最大的主动权。

参考文献

[1] 大卫·R. 卡鲁索，彼得·萨洛维. 情商 [M]. 张丽丽，译. 北京：高等教育出版社，2016.

[2] 阿尔伯特·埃利斯. 无条件接纳自己 [M]. 刘清山，译. 北京：机械工业出版社，2017.

[3] 芭芭拉·弗雷德里克森. 积极情绪的力量 [M]. 王珺，译. 北京：中国人民大学出版社，2010.

[4] 丹尼尔·戈尔曼. 情商：为什么情商比智商更重要 [M]. 杨春晓，译. 北京：中信出版社，2010.

[5] 傅小兰. 情绪心理学 [M]. 上海：华东师范大学出版社，2016.

[6] 加里·凯勒，杰伊·帕帕森. 最重要的事，只有一件 [M]. 张宝文，译. 北京：中信出版社，2015.

[7] 马丁·塞利格曼. 活出最乐观的自己 [M]. 洪兰，译. 沈阳：万卷出版公司，2010.

[8] 马丁·塞利格曼. 持续的幸福 [M]. 赵昱鲲，译. 杭州：浙江人民出版社，2012.

[9] 马歇尔·卢森堡. 非暴力沟通 [M]. 阮胤华，译. 北京：华夏出版社，2015.

[10] 帕特森，格雷尼，麦克斯菲尔德. 影响力 2[M]. 彭静，译. 北京：中国人民大学出版社，2008.

[11] 罗伯特·西奥迪尼. 影响力 [M]. 陈叙，译. 北京：中国人民大学出版社，2006.

[12] 罗纳德·B. 阿德勒，拉塞尔·F. 普罗科特. 沟通的艺术 [M]. 黄素菲，译. 北京：世界图书出版公司，2010.

[13] 史蒂文·J. 斯坦. 情商优势：情商与成功（钻石版）[M]. 李仁根，译. 北京：电子工业出版社，2016.

[14] 苏珊·凯恩. 内向性格的竞争力 [M]. 高洁，译. 北京：中信出版社，2016.

[15] 谢丽尔·桑德伯格. 向前一步 [M]. 颜筝，译. 北京：中信出版社，2013.